U0167136

PLACE SPACE CONSTRUCTION

场所　空间　建造

周恺 著

中国建筑工业出版社

图书在版编目（CIP）数据

场所·空间·建造 = PLACE SPACE CONSTRUCTION /
周恺著. —北京：中国建筑工业出版社，2020.12
ISBN 978-7-112-25795-9

Ⅰ.①场… Ⅱ.①周… Ⅲ.①建筑 – 文集 Ⅳ ①TU-53

中国版本图书馆CIP数据核字（2020）第267568号

本书围绕场所、空间、建造三个关键词，对作者30余年的设计实践进行回
顾，结合工作室近年来的作品，聚焦设计方法和建筑思维轨迹的形成进行梳
理与提炼。内容包括建筑评论、建筑论述、作品展示几部分，可作为建筑实
践行业设计师、高校师生、建筑爱好者的重要参考。

责任编辑：陈 桦 杨 琪
责任校对：赵 菲

总 策 划：孔宇航 张 一
项目执行：吕俊杰 钱 烁
摄　　影：魏 刚 姚 力 周 恺 陈 鹤 杨超英 任 翔
特约策划：群岛 ARCHIPELAGO
　　　　　何 润 辛梦瑶
平面设计：NEXT, PLZ OFFICE

场所 · 空间 · 建造
PLACE SPACE CONSTRUCTION
周恺 著
*
中国建筑工业出版社出版、发行（北京海淀三里河路9号）
各地新华书店、建筑书店经销
天津联城印刷有限公司印刷
*
开本：787毫米×1092毫米　1/12　印张：31⅓　字数：981千字
2020年12月第一版　2020年12月第一次印刷
定价：**319.00**元
ISBN 978- 7- 112- 25795- 9
　　　　（37041）

周恺

2016 梁思成建筑奖获得者
全国工程勘察设计大师
天津华汇工程建筑设计有限公司 总建筑师
天津大学建筑学院教授、博士生导师

国务院政府特殊津贴获得者
中国建筑学会常务理事
中国建筑业协会常务理事
中国建筑学会建筑理论与创作委员会委员
天津市规划委员会建筑艺术委员会常务理事
《建筑学报》《世界建筑》《城市环境设计》
《当代建筑》《城市空间设计》《建筑知识》
《城市建筑》《新建筑》等多家建筑学术期刊编委

序 一

彭一刚

中国科学院院士
天津大学教授、博士生导师
天津大学建筑设计规划研究总院名誉院长

改革开放数十年间，方兴未艾的建筑热潮，推动着我国建筑事业的蓬勃发展，也历练出一批优秀的建筑设计人才，为繁荣建筑创作和国家建设作出了重大贡献。他们勇于担当、肩负重任，以执着的精神、开阔的视野、精湛的技艺引领着我国建筑事业的持续发展，进而成为行业中坚。周恺同志便是其中杰出的一员。

周恺是继崔愷之后，我带的又一位研究生。他们二人皆因优秀的建筑作品和卓越贡献，在建筑界崭露头角而广为人知，被业内同行和建筑高校师生亲切地称为"天大两恺"。

周恺1981年考入天津大学建筑系，1985年被保送为我的研究生，进入了我与聂兰生、邹德侬等先生主持的建筑理论与设计研究室，一边工作一边学习深造。1988年硕士毕业后留校任教。他天禀聪慧、颇有才华却谦虚低调、尊师重道、悉心施教，是深受我系师生喜爱的优秀青年教师。1990年他赴西德鲁尔大学建筑工程系进修，两年间广泛考察了欧洲建筑，吸取了西方建筑文化精华，为日后建筑创作储备了丰富的知识营养。

周恺不但天资禀赋出众而且刻苦勤奋，一直是班级的优秀学生，给我印象很深。他思路开阔，基本功扎实，表现技巧纯熟，因此他的设计作业总是特色鲜明、别具一格。周恺出众的才华在1985年全国大学生建筑设计方案快题竞赛中初露头角，他首次参赛独自完成设计，便一举获得优胜奖。还记得1986年我与聂兰生先生带领周恺和另一位研究生参加了浙江富阳新沙岛"农家乐"旅游区规划设计，在1988年全国建筑创作会议上获得年会建筑创作优异奖。这套方案的设计特色以及师生合作参加实践的教学方式深受会议主持人学会理事长戴念慈大师的肯定和赞赏。周恺不辞劳苦一人完成了100余幅造型丰富、绘制精美的方案图，为这次获奖出力不少。后来我们师生二人还参加了深圳等地的建筑设计。细想起来他从学生时代较早接触真刀真枪的建筑创作实践中所获得的"先知""先觉"对后来的成功奠定了厚实的基础。周恺刻苦钻研、集腋成裘的求学经历对于梦想成才的莘莘学子和急于求成的青年建筑师莫不是一种值得借鉴的人生启迪。

1995年在建筑教学的同时，周恺更多地专注于建筑创作，正式开始了职业建筑师的生涯。从业25年来周恺走了一条自己独特的创作道路，他将自己的创作理念和设计方法概括为场地、空间、建造这三方面的思考和心得。他的许多作品都综合性地融入了这些理念。

他的设计处处体现出尊重环境的场所精神。这个特点尤其在南京建筑实践展01号住宅及松山湖凯悦酒店等项目中得到充分展现。特别可贵的是，他对场地的理解并不局限于对地形地貌、山川河脉、气候植被等自然因素低层次的应对，而是更深入地关注场地的建筑遗存、城市特点、地域文化以及历史文脉等更重要的信息，经过缜密解读和分析，寻找最能代表当地特色的建筑语汇。在石家庄城市规划馆中将拱的造型元素提炼升华，并以清水混凝土的质朴和粗犷，隐喻了当地的历史文脉以及传统工业之都的城市风貌便是一例。

在空间塑造上，坐落在天津大学校园内的冯骥才文学艺术研究院是一个非常成功的实例。在院落界面的虚实围合、室内空间序列的巧妙组合，以及环境氛围营造等方面采用中西合璧的手法，使建筑既有东方书院气息又具有现代美感。

周恺具备的超强的理性逻辑和对结构及构造的清晰认知，帮助他在设计中得心应手、游刃有余。在天

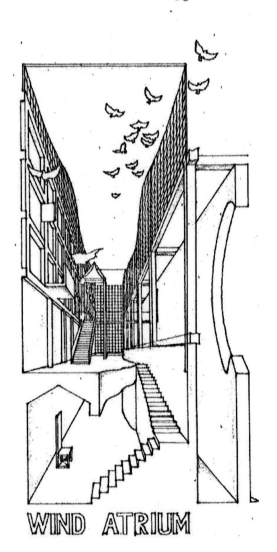

WIND ATRIUM

津师范学院艺术体育楼的设计中，大跨度预应力梁、井字梁、螺旋楼梯的应用，在解决功能问题的同时展示了质朴的结构美，显示了他对结构及建构日臻成熟的把控能力。同时在建造材料选择和建造工艺的运用上，他都能恰到好处地结合建筑的功能性质传递出建筑本身的气质和意蕴。

从建筑审美层次的另一个维度，我们同样可以看到周恺的创作理念和建筑作品逐步上升到更高的层次和更深的境界。周恺对于构图原理了然于心，对于形式美有深刻的领悟并且长于表现，所以他的作品往往都能给人以美感。可喜的是从近期的作品中我们越来越明显地感到他的成熟和老练，在表现意境和文化内涵上取得了明显的进步和突破。因此他的作品常常能够深刻揭示建筑的本质特征，在反映地域文化特色的同时彰显时代精神。

最近周恺完成的新作承德博物馆就是一个很好的例证。在尊重自然场地与周边古建筑的同时，他采用当地传统的建筑材料和建造技术，并提取窗型和马蹄形符号，以隐喻的手法引发人们的联想，建筑在传递意境美的同时也赋予了深刻的文化内涵，确实是一件继承传统又反映时代精神的经典作品。承德避暑山庄和外八庙由天大建筑系师生历尽十年艰辛完成古建筑测绘，为成功申请世界文化遗产做出巨大贡献。而今周恺薪火传承以十年磨一剑的辛劳，不辱使命地完成了这一件历史性的建筑作品，这既是历史的眷顾也是这片古老大地的辛运。

这些年来周恺还十分积极地参加了中国建筑学会组织的支援抗震救灾的工程设计，项目无论大小他都一视同仁、全力以赴、悉心尽力。北川抗震纪念园静思园和青海玉树格萨尔广场就是建于这个时期，他在建筑创作中深入表达建筑意境和文化内涵方面的成功探索。周恺在国家重点工程中同样也有十分突出的表现，雄安服务区展示中心就是他紧跟时代发展脉搏，利用装配式建造的方法塑造建筑空间，表达结构美的新成果。

这本集子的几十个作品，从周恺历年来120多项工程中遴选出来，是他优秀作品的汇集。虽然只是众多成果的一小部分，但当我接过书稿时已经感到沉甸甸的分量。他的作品不仅数量大，而且类型多、质量高、地域广，分布在国内东西南北及至西南、西北边陲少数民族地区。最近他又走出国门，为远在西亚大陆阿联酋的中国大使馆工程忙里忙外。

功夫不负有心人，周恺以不懈的追求和优异的成就获得建筑界的广泛认可和诸多荣誉。他的作品得到国外建筑界的关注和好评，曾获亚洲建协金质奖和提名奖。在国内更是获得国家级、部级各类创作奖和工程设计奖数十项，可谓硕果累累，喜讯连连。2016年他终于因为致力于促进中国文化的传承和创新、对建筑文化发展的重大推动作用及其建筑学术成就对建筑学研究和建筑教育发展的卓越贡献而荣膺面向国际的"梁思成建筑奖"，可谓实至名归。

周恺不仅事业成功而且不忘老师教诲，承前启后、教书育人，在建筑创作、建筑教育与学术研究三方面齐头并进。他在繁忙的创作中担任硕士、博士研究生导师，以一贯平易近人、谦虚和蔼、严谨求实的作风教书育人。已有多名优秀研究生毕业走上工作岗位，为祖国建设事业输送有用之才。他还积极参与并主持天津大学圭原设计研究所的研究课题，带领研究生团队开展建筑理论与创作研究。

与北京、上海、广东等地相比，在天津市举办的大型建筑创作学术活动还是偏少的。但偶有建筑界知名人士，包括两院院士、国家级建筑设计大师、梁思成建筑奖获得者齐康、钟训正、何镜堂、程泰宁等来

津公干，我都极力推荐并亲身陪同他们亲临现场观赏周恺在津的作品。有时还邀请周恺对其作品的构思、创意作扼要介绍。给我留下深刻印象的是，他们都异口同声地赞叹不已，有的甚至自谦地说是周恺的粉丝。总之，都一致认为周恺是当代中、青年建筑师中的佼佼者和当之无愧的杰出代表。

据兄弟院校老师告知，周恺和各院校的中、青年设计课教师关系也是十分融洽的。他们很想聆听周恺在设计创作中的经验，特别是从设计教学的角度如何改进教学内容和方法。他们举办的研讨会热情洋溢，这种座谈经常持续到深夜，甚至通宵达旦。

读完这部厚厚的专集我心潮难平。这是周恺同志几十年如一日对建筑一往情深的奉献、是坚韧不拔的探索、是两鬓染霜的心血凝成。亲眼目睹他的成长，面对他今天的成就，我由衷为他感到高兴。周恺之所以获得成功，与他自入学至今几十年如一日地潜心学习研究当代建筑设计的理论与实践；与他专注而勤奋地投身建筑设计；与他精益求精不断追求卓越的精神息息相关。

白驹过隙，往事历历，几十年光阴过去。周恺从一个热爱建筑的青年终于成长为一位成熟的，肩负社

会责任、有重要贡献和广泛影响力的国家设计大师级杰出人物。江山代有人才出，我们虽然垂垂老矣，但我们欣慰建筑事业后继有人。周恺入门建筑学至今将近四十个春秋，在建筑创作的道路上求精求新，一路奋进，硕果累累，如今已到事业最成熟、精力最旺盛的时期。经过岁月的磨砺周恺的建筑创作已渐入佳境，是继续出成果、出作品的大好时机，我们期待周恺同志更多的时代精品问世。

继往开来，任重道远。我们似乎听到了周恺在为既定目标奋斗不息的长路上扬鞭驰骋的马蹄声。

是为序。

2020年10月

序 二

宋春华

住房和城乡建设部原副部长
中国建筑学会原理事长
中国房地产业协会原会长，中国雕塑学会顾问

　　周恺是位年青的国家建筑设计大师，他是天津大学教授、著名建筑学家彭一刚院士的研究生。彭先生可以说是桃李满天下，他的两位得意门生——崔愷和周恺，被业界传为美谈："天大两恺"。

　　我和周恺的接触，主要是在中国建筑学会的学术会议和工程咨询活动中。他给我的印象一如同行们对他的评价：为人低调、待人谦和，设计追求高品位高质量，创作坚守自己的风格，平实简洁、尊重环境，营建富有特色的场所。随着对他了解和交流的增多，使我加深了对这种评价的认同。

　　2008年"5·12"汶川大地震将北川县城夷为平地，国家决定易地重建新北川。为配合中国城市规划设计研究院完成的新县城总体规划的实施，中国建筑学会组织全国的骨干设计院和大师团队，开展重要公共建筑和中心广场的方案设计。周恺领衔的华汇团队以独具特色的方案脱颖而出，入围终选的三家团队，承接了建设基地南端静思园的设计任务。他们突破了传统纪念建筑的常规模式，以最少的人工介入，借助自然的元素构建了哀思、感念的纪念场所，并以象征

性的手法将人们的情感升华到对大自然的敬畏和对生命意义与价值的思考。这种场所精神，对灾后重建的北川新县城，无疑具有积极的人文价值和社会意义。周恺对项目特质的精准把握和简明清晰的设计构思令我印象深刻。

　　2010年青海玉树州震后，建筑学会又对州府所在地结古镇十处重要城市节点和文化建筑的修复组织设计工作营。周恺作为首批五个团队之一，负责位置和意义都十分重要的格萨尔王广场的设计任务。在巨大的灾难面前，周恺率领他的团队，以强烈的社会责任感和高度的热忱，深入高原调查研究，结合当地的自然条件、场地环境和传统宗教文化的精神诉求，对这个重要的城市公共空间做了全面的整合与提升，既延续了传统文脉，又复合了多种现代城市广场的功能，使其成为升级版的文化圣地和精神家园，受到藏族各界同胞的肯定与赞扬。

　　除了上述这些特殊项目之外，周恺还参加一些重要工程的咨询服务和设计工作。2017年，中国建筑学会受当时雄安新区筹委会的邀请，组织新区第一组单

体建筑——市民服务中心的设计创作营。学会当时很快成立了由崔愷、孟建民院士，庄惟敏、周恺大师组成的两院士、两大师团队开展工作。雄安新区的开发建设为社会和业界高度重视和关注，第一组建筑更是要求高、时间紧，四家团队以高度的热情全力以赴投入创作，最终选定以周恺团队的创意为主，结合其他各家优点的综合方案。周恺率领华汇团队承担了总体规划以及专项设计统筹工作，并完成了政务服务中心、会议培训中心、规划展示中心等三个单体建筑的落地设计。市民中心全部工程采用了适合快速建造并符合绿色建筑标准的装配式建造技术，经过四个设计团队齐心协力，艰苦奋战，配合施工单位，只用了123天便建成投入使用，得到了雄安新区及相关领导的好评。

　　周恺的作品和他本人低调谦逊的品格和作风一样，不张扬不浮夸，不矫揉造作，不虚张声势，总是在尊重环境的前提下，对场地深入调查研究，分析推敲，深思熟虑后找到应对的思路和策略，让建筑与当地的环境相融合。它对空间构成要素和光的应用很有研究，他塑造的空间丰富而生动，并常常创造出令人

联想回味的意境和诗情画意。他善于利用当地的建筑材料和建造工艺，赋予建筑以浓郁的传统文化气息，既与地方特色吻合又与时代精神合拍。他熟悉建构，擅长选择合理、简明、经济的结构体系和建造方法，把房子盖起来。对建筑形象的推敲更是精益求精，因此他的作品总是形象简练而优雅，空间丰富、情感饱满而富有诗意，给人以精神享受和美学体验。

周恺以其突出的天分和专注于建筑创作的长期心血付出，创作出许多优秀作品，赢得了国内外同行的肯定和赞誉，获得了国际国内的许多奖项。特别是2016年，在国际建协（UIA）和国内主管部门的支持下，中国建筑学会主办的梁思成奖成为国际奖项，每两年评选出中外优秀建筑师各一名。周恺成为梁思成奖升级为国际奖项后的第一位中国建筑师。在颁奖典礼上恰巧由我担任嘉宾荣幸地给他颁奖，我注意到，他仍然是以淡定的微笑接受这份荣誉。周恺怀才不自傲，居功不自满，始终保持谦虚谨慎的作风，我想正是这种品格，才造就了他专业上的成就和事业上的贡献。

改革开放四十多年来，我国国民经济和城市化相伴高速推进，如火如荼的建设高潮迅速地改变着城乡面貌，我国的现代化建设取得了举世瞩目的成就。然而，盲目抄袭西方样式的建筑设计禁而不止，媚俗的丑陋建筑时有出现；千城一面的现象失去了城市自身的特色。一些建筑为了突出所谓的标志性和彰显建筑师个人风格，不惜投入巨额资金和资源，做着"贪大、媚洋、作怪"的蠢事，为社会和业界所诟病。产生这种情况的原因可能诸多，但建筑师自身的设计观念与设计方法出了问题不能不说是一个重要的原因。受惠于几千年灿烂文化和丰厚的建筑文化遗产滋养的中国当代建筑师，我们应该树立高度的文化自信，汲取传统建筑的精华，并借鉴国外的先进规划设计理念，创造出既有鲜明民族特色又有时代精神的建筑作品，这是我们的责任和担当。我们要善于总结、坚持创新，包括理论创新。在这方面，执业建筑师有着丰富的创作实践，通过总结、提炼、提高，在理论建树上是大有可为的。我很高兴地看到，周恺关于建筑创作方面的专著《场所 · 空间 · 建造》出版发行，书中阐述了他

的理解和思考，是几十年辛勤耕耘的经验总结和理性结晶，值得一读。书中遴选的近四十个工程实例和设计方案，是他在这些理念指导下的亲自实践，全面真实而生动地反映了他的基本观点和设计方法。全书图文并茂，相互印证，读起来令人饶有兴致、印象鲜明。新书出版对纠正当前不正的设计之风，启迪我们的创作思维，提高我们的设计水平，开创设计新风格都大有裨益。期待周恺大师在建筑创作和理论研究上齐头并进，有新的成就和建树。

是为序。

2020年11月

序 三

崔愷

中国工程院院士
中国建筑设计研究院有限公司名誉院长、总建筑师
《建筑学报》主编

建筑圈儿里是人都说天大有"二愷"，都是彭一刚先生的弟子，一个说的是我，另一个就是周愷。我是七七级，他是八一级，相差四年。周愷是天大的才子，人长得帅，图画得漂亮，设计有灵气，在20世纪80年代后入学的那几届学生中是公认最优秀的，彭先生自然更喜欢他。周愷不仅有才气，人品也好，无论对师长还是同学、同行亦或和业主甲方，他都十分尊重有礼，口碑很好，从没听说他和谁吵过架闹矛盾，反倒是在他周围都是相处多年的老朋友和回头客。有才气，好人缘，周愷的事业之路自然走得也挺顺，毕业后没几年就和同学一道组建了民营设计公司华汇，他带领小伙伴们踏实低调，勤奋钻研，不久就做出了一批好作品，名声也随之鹊起，赢得了市场的好评，很快成为青年建筑师中的佼佼者！

作为学兄我一直关注周愷的创作，他的很多作品我都前去参观学习，像早期的天津财经学院几个教学楼，天津工商银行办公大楼，后来的天大冯骥才文学艺术中心，南开大学图书馆，陈省身数学研究所等等。更熟悉的当然是我们一起参加的集群设计的项目，如东莞松山湖创意产业园、天津滨海新区于家堡金融区、天大北洋苑新校区、东北大学的浑南校区等，最

近我们又一起为中国人民大学通州校区和北京化工大学南口校区分别做了几个项目。特别是由中国建筑学会牵头组织的四川新北川和青海玉树的震后重建，以及河北雄安新区临时办公区的集群设计中，我们都积极参与，分别留下了自己的作品。通过这些年许许多多的交集，使我对周愷的创作有了越来越深的体会和感触。正如许多有先天美学修养的人一样，周愷对美是十分敏感的，从他上学时的绘画和设计构图技巧，到实践中对建筑形态的把控和立面精巧的构成手法，似乎一直娴熟于心，处处到位，从未见过哪个部分有疏漏。而更耐人寻味的是这种精致构建的形式语言却从不显得张扬和用力过度，总是恰如其分地表达内在空间和功能的关系以及基于建构的清晰逻辑，呈现出一种低调的雅趣。周愷的设计对场所感的追求也颇有独到之处，比如场所边界的构建中的围和透，场所空间的叙事的引导和铺垫，场所视觉体验从不同的尺度到微观的细节到变幻的天光水影，他都精心布局，去繁求简，顺势而为，绝不刻意强求。在处理材料质地和色彩搭配上，他总是关注材料的属性和工艺以及施工构造的适应性，在造价有限的条件下粗粮细作，品质不减。

比较全面反映周恺设计思想的代表作，我想应该是天大青年湖畔的冯骥才文学艺术中心了。想当年我们在八楼上学时，这里是校设计院土建馆后面的实验车间，我曾常常在墙外的湖边晨读背外语。这块用地不大，北边是马鞍型的小体育馆，东边是大操场，西边临着青年湖，东西宽南北紧，一般很容易就会选择东面朝路西面向湖的平面布局，而周恺却巧妙地用一圈空灵的框架营造出一方下实上透的庭院。下实，在人车往来的路边隔出了一片安静的院落；上透，使院内外的环境和建筑隔"窗"相望，一种礼让的姿态。进得院子是一方镜水池一通到底，把顶上的天光云影拉到地面，也让地面仿佛消失了一般，主楼实体横跨其上，处于悬浮的状态，由此产生的一种张力，好似空静的院子里有一种强大的磁力充斥其中。主楼入口处有一座轻巧的亭榭依水而立，进一步削弱了上部主体的沉重感，而架空层形成的幽暗又使另一侧水面映出的光影分外明亮，如展开的画卷。穿过不大的门厅，转头时又见笔直的大楼梯赫然在目，天光从高处洒下，有一种宗教般洗礼的震撼！从楼层窗中向外望去，巨大的框景让熟悉的校园环境呈现出意料之外的画意。而混凝土墙上粗犷的条纹肌理在侧光下形成了

道道精美的光斑，不断蜿蜒攀爬的地锦年年在上面画出优美的图形，春绿秋红。我每次回到母校都愿意在这里驻足欣赏，其精妙的设计背后表达出的某种哲学性的启迪总让我获益匪浅……

相对于周恺对设计完美追求的职业精神，他的性格倒是宽松而温和，也似乎不太善于说。他从不刻意地把设计理论化，即便在重要的论坛上讲演，他也总是用一种平和的语气谈自己设计中那些朴素务实的想法，解决问题的客观态度，反映出优秀建筑师的执业精神和务实的价值观。而伴随着他平和语调的讲解所展示出的一幅幅精美动人的建筑图像，总是会形成某种视听感受的鲜明反差，给人留下深刻而舒服的印象，令人回味。

或许也是因为周恺的低调性格以及总是专注于设计，所以他很少动笔写文章总结和宣传自己，别人催他，他便常常笑眯眯略带津味地回上一句：有嘛说的，房子盖好了去看看不就得了么！前不久他打来电话说挨不过先生和学校的再三催促，准备把十几年来的作品和思路整理一下，出本书，这让我非常高兴！这不仅是对他个人成就的回顾和总结，也可以说是对改革开放后中国当代建筑发展历程的一种记录，更是

对坚持在创作一线众多建筑师的一种示范和鞭策。

在当代中国中青年建筑师群体中，周恺无疑属于第一阵营，他的才干和成就引领了众多天大学子和业界同道。这让我想到天大建筑学人的传承脉络，从徐中先生到彭一刚先生，从彭一刚先生到周恺和我，以及段进、李兴钢、张杰、郭建祥等同辈校友，还有更多奋战在国内外创作一线的后来人……务实、肯干、低调，人品是我们一脉传承下来的做人准则；探索、创新、得体，优质是我们一贯的职业追求。天大的建筑学人人才辈出，周恺是走在其中最出色的英才，是天大的骄傲。

2020 年 10 月

目 录

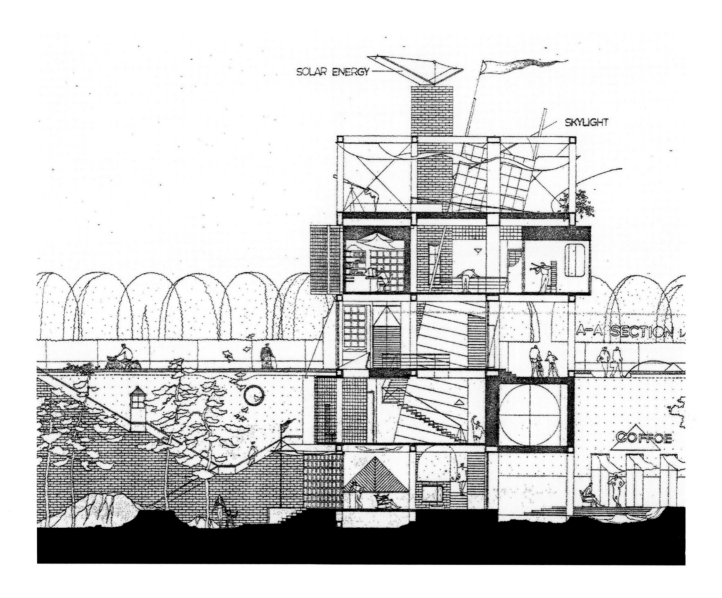

SOLAR ENERGY

SKYLIGHT

A-A SECTION

COFROE

建筑评论：修行者之路
ARCHITECTURAL REVIEW: THE WAY OF STYLITE

孔宇航

孔宇航

天津大学建筑学院院长、教授、博士生导师
国际建协竞赛委员会委员（UIA-ICC）
《建筑细部》主编

　　每次去拜访周恺工作室需经过一段漫长的巷子，方能到达其前院，的确让人有一种"大隐隐于市"之感。跨过精心设计的门槛后，左边是双层透空的展厅，透过上层扁长的墙洞能隐隐感觉到一种工作的氛围。穿过此厅是会客厅，厅的斜对角处设有一方形小院，也许是其设计漫步与冥想的空间。见面时几乎很少见到他工作室的小伙伴们，并非没有，而是被巧妙地安置在楼上。一旦招呼，他们便从不同的方向出现在客厅。这种只闻其声不见其人的空间布局足见主人的匠心，亦能想象该楼宇中应该还有其他复杂的路径与神秘的空间，应该是作者精心构建的迷宫。每次离开时，周恺会带领他的团队在门前微笑送别。我总是在想，他在这既神秘又回味无穷的院落中应该进行了不少建筑奇想吧，而周恺更像是一位得道高深的修行者，默默地、孤独地又乐在其中地悟道与践行，并为人类的大千世界点燃智慧的火花。

　　在当代中国建筑界众多具有影响力的建筑师之中，周恺属于我见到的最优秀者之一，其设计悟性应该属上乘境界。在日常中，他几乎屏蔽了一切与设计无关的事务——公司的运行，繁忙的会议，以及形形色色的社交活动，而将所有的精力集中在设计本身，并沉迷于其中，几十年如一日地追求建筑的真谛，并进行深度的创作与思考。在当代社会生活中，存在着无数的诱惑力，能够抵挡这样的力量并且独善其身者实为不易，正

是其内在强大的自律性以及一以贯之的态度，使其建成作品获得社会各界的广泛认可，学术界、业主们与同行们均给予他本人及其设计作品极高的评价。周恺在其长期的设计思考中，聚焦于场所、空间与建造。他从不使用类似于"可持续发展""绿色""智能"等话语来为其作品的理念、方法与技术贴标签。在构思中，他更关注建筑的在地性、场所感以及人在其中的体验。在设计过程中，他将更多的热情投入到空间与形式的想象、物化以及建造的艺术，关注材料的品质与精致的细部。也正因为此，方能成就不朽的佳作。其执着与坚守，造就了一系列优秀的作品，2017年中国建筑界最高奖"梁思成建筑奖"授予周恺，以表彰其杰出的建筑成就。

大学与游学

　　任何成功的建筑师，一定有一个不平凡的早期求学生涯。勒·柯布西耶早期的中欧、南欧和东方之旅为其奠定了一生建筑成就的基石。纽约五建筑师能够创造美国当代建筑的神话，与他们大学期间以及毕业后的广泛涉猎不无关系。周恺求学于1980年代的天津大学建筑系，在学期间就是一位具有设计天赋的佼佼者，学习既充满激情又非常刻苦，获得彭一刚、聂兰生等一批前辈的高度好评。如果说大学生涯为其打下了深厚的建筑学功底的话，那么留校任教之后到德

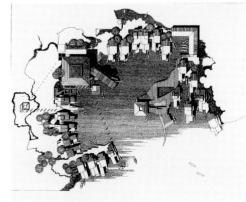

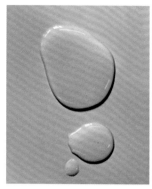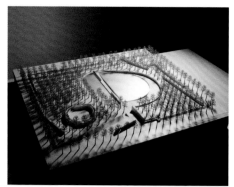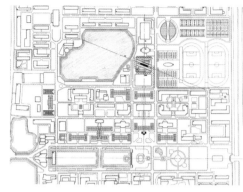

国的游学经历则为其拓展建筑学视野起到了至关重要的作用。我们可以从他设计的作品中领悟到其严谨的形式逻辑与理性的建造方式，这与其访学经历具有很强的内在关联性。在校园中求知，在游历中体验，在设计中交融。将抽象的知识、二维的画面在体验中解惑并化为创作的动力，正是早期的历练铸就了后来的硕果。

周恺会周期性地在学院做讲座，并介绍近期作品，偶尔也会放些他学生时代的作业，尽管是三十多年前的习作，现在看来仍然令人心动。看他画的图，既能感受到天大建院前辈的真传，亦能体会到作者在那些精心构图、细致打磨的图中所付出的心血：排线、退晕、光影、描摹以及对来自国际学术界的信息与绘图方法的学习。超越常人的形式感知力、青少年时期的绘画功底，以及学百家所长为己所用的吸收能力，均为后来的设计生涯埋下了伏笔。也许手工绘图已逐渐走向式微，但作为最古老的职业，悠久的传统是不能轻言放弃的。

平面的魅力

由于长期以来的教学习惯，我始终坚守这样评判设计的标准：平面图的优劣是决定最终成果的先决条件。也许好的平面图并不一定生成优秀的设计，但成功之作无疑会来自于精致的平面布局。平面阅读可以感知建筑师的底蕴：巧妙的空间想象力、组织方法、形式美学、建造逻辑等。在路易斯·康的平面中，能感知作品的纪念性、服务空间与主体空间的界定；在密斯的平面中能阅读到精致的建造美学；阿尔瓦·阿尔托的平面体现出对自然的隐喻与人文的关怀；在阿尔瓦罗·西扎的平面中，空间被雕凿的痕迹则表现无疑。周恺熟谙现代建筑的空间组织之道。在冯骥才文学艺术研究院的平面设计中，一、二层所呈现的是半开敞的院落空间以及被实体界定的表层水空间，而三、四层平面所表达的正好与一层成九十度方向。尽管空透的外墙继续垂直上升，但内部的空间成为重点塑造的对象，并强化了与青年湖空间及视景的对话。三、四层平面图清晰地表达了空间的旋转、穿插与流动，然而又被明确的矩形界面中的扁柱所界定。沿青年湖轴线的内部半透明、二层通高空间，内设三段阶梯，强化了空间的礼仪性，并与一层穿入其下的水面空间形成十字形对应关系。平面图展示了作者既丰富又复杂的空间想象与思考，以及细腻的空间组织技巧。在北川抗震纪念园的静思园中，建筑师关于水滴的概念被巧妙地落在一个矩形边界内。宁静的水面，水滴瞬间凝成的形态，成为静思园设计的灵感来源。大小不同的"水滴"，一个是水平延展的空间，被中轴上的通道切开；另一个则是内敛的被双墙所围合的冥想空间，两者被精确地定位在矩形画框中。为了表达从严谨的几何向自然水形的过渡，矩形内部的各种变形、错位处理便成为一种自然而然的手法。有趣的是，这样的平面图酷似抽象的国画：山水的断面、留白、自然的边界、画框等要素被呈现出来，然而重要的不是二维的画面感，而是三维的表达与营造。

灵动的空间

天津大学卫津路校园有两组重要的轴线，一条为东西轴，从东至西分别为布正伟先生设计的东门，彭一刚先生设计的北洋纪念亭、求是亭与建筑馆；另一条则是由十字中心向北，徐中先生设计的九号行政办公楼，由周恺设计的冯骥才文学艺术研究院的选址正是在该轴线之上，且面向青年湖。构思巧妙之处在于建筑师引入第三条轴线，并打破了原有的正交体系，使建筑既沿袭原有的校园南北轴线，又与青年湖产生了亲切的对话。

诚然，对一栋建筑的解读可以从很多视角介入，然而空间的界定是一门很重要的艺术。建筑师在广袤无形的虚空中运用可见的、有形的物质去界定人类生活与工作的场所。封闭的盒子是一种界定，使居者获得安全感；开放的构架是一种视野，既有对话又具领域感。冯骥才文学艺术研究院的创作与其说是为业主构建文学写作、艺术创作与学术研究的内部空间，不如说是为天大校园谱写了一首既有纪念性又有灵动性的空间乐曲。巨大的方盒子构架是对校园南北轴线的尊重，而扭转与错位后与青年湖对话的轴线则是与自然的对话。镂空的墙、被架空的悬浮体量、底界面的水池及其倒影，无一不在诉说着建筑师关于空间的构

想。一方面空间被界定，另一方面被界定的空间又是弥漫的，想象的空间披上了一层神秘的面纱，从而使观者有一种期待，能在其中体验着天、地、神、人的对话。

最近周恺发布了他的近作——深圳国家博物馆。在背山面海的一片场地上，他在水面上构建了一种诗意的形，飘逸在山水之间。在场地上，利用陆地与水面的高差设计了梯形状的台地与巨大的人工水平台，使城市路网向水中延伸，海上水平面向城市渗透，建筑像悬浮的水晶介于城市与大海的交界处，不规则的穿孔板做法使人联想起月光洒在海面上的星点银光。而内部空间的设计层层嵌套并辅以迷幻的光影。该作品再次验证了建筑师概念的生成源自于对城市与自然环境深切的领悟，以及驾驭空间的组织能力。

精致的建造

伦佐·皮亚诺曾经这样写道："建筑师必须同时也是一名工匠，当然这名工匠的工具是多种多样的，在今天应该包括电脑、试验性模型、数学分析等，但真正关键的问题还是工艺，即一种得心应手的能力。从构思到图纸，从图纸到试验，从试验到建造，再从建造返回构思本身，这是一个循环往复的过程。在我看来这一过程对于创造性设计至关重要。"周恺的设计能力不仅仅体现在其形式感知层面，更重要的是在设计过程中对建造的精致性思考与执行力。在计算机中对未来建造的三维研究、工作室堆满的模型，这些思考和行为正验证了皮亚诺所言的创造性设计过程。

每次与周恺讨论建筑时，就会联想到意大利的卡洛·斯卡帕与瑞士的彼得·卒姆托，这两位著名建筑师在我早年求学时并未进入我的视野。20世纪80年代，我们这代人在国门大开之后，疯狂地痴迷于后现代主义建筑与解构主义建筑师的作品，关注建筑设计理念，弥补现代建筑知识的缺失，热衷于讨论西方当代建筑形式。随着岁月的增长，心境逐渐趋于宁静与平和，并思考建筑的本体与建造的魅力。任何一个优秀建筑作品的诞生，不仅仅是建筑师设计的概念与美学的功底，更重要的是如何娴熟地将之付诸实现，即最终达成精致建造以及传统工匠精神的当代承继。如果说方案的形成与深化是"怀胎十月"，那么后期的

建造与维护则类似人出生后全生命周期的呵护。在周恺不经意的闲谈中，每种材料的选择、细部节点的构建与打磨、与工程师探讨结构方案以及现场指导等，均体现出建筑师对实施的高标准要求。如果世间有轮回与穿越，我坚信他前世一定是一位具有文人建筑师气质的杰出工匠。

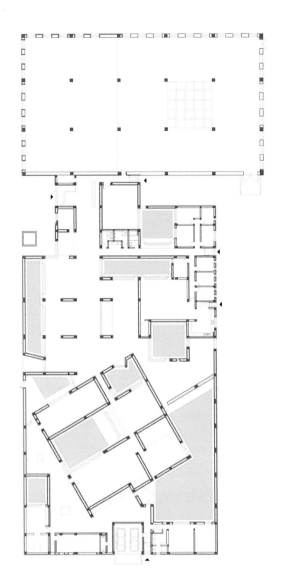

家宅与院子的记忆

加斯东·巴什拉在《空间的诗学》这本书中，将家宅的现象描写得惟妙惟肖。他认为家宅的形象是我们内心存在的地图，是人类最初的宇宙；是一种强大的融合力量，把人的思想、回忆和梦想融为一体。他谈到了家宅中的地窖和阁楼，并用理性与非理性进行类比，描述了博斯科笔下的家宅从大地走向了天空，其塔楼在垂直性上从最深的地面和水面升起，直达一个信仰天空的灵魂的居所。在加斯东的想象中，家宅不仅是安全的庇护所，更是精神性的存在。我理解，地窖不仅是非理性的存在，更是感性的，是对人类深

度记忆的挖掘。而阁楼虽有理性的成分，但更代表了人类的梦想、自由的灵魂以及与上天对话的场所。在中国传统的家庭生活中，院子是一个美妙的存在，院墙不仅阻挡了外部潜在的危险，增强内在的心理安全感，更重要的是容纳了家庭的各种活动，院子是与自然对话的载体。与西方阁楼的垂直性相比，院子呈现的是水平延展性。

也许是因为周恺从小生活在一个大家族所拥有的院子中，或是因为求学期间随导师一起研究过中国园林空间，我们总是能从其作品中看出家宅与合院的原型。冯骥才文学艺术研究院的构思就是一个巨构的院落。圭园工作室在矩形盒子中就含有九个宽窄不一、形状各异的院子。中国传统院落是以一个个单体围合而成，圭园的设计使得每个空间均具有充足的自然光与很好的视景。而视窗至顶处理，使光影渗透到房间的纵深处；落地窗设计使院子空间与内部空间融为一体。院中的竹景、传统的砖砌、透明的玻璃、箱体天窗与悬浮的矩形灯箱浑然一体。在他自己工作室的设计中，院子亦再现其中。在作者的构想中，记忆中的院子与现代建筑的流动空间被有机地融合在一起。对内部空间的雕琢、外部空间的借景、灰砖所表现的质感与材料属性、顶射与底层渗透的光影变化似乎叙说着一年四季时间的轮回。关于家宅与院子的记忆与梦想，建筑师试图以作品去寓意更深层次的意境。

诗意的感悟

我们生活在这样的时代，习惯于用科学的语言与逻辑去描写与评析万事万物，其结果导致诗性的式微。在与周恺的几次深度交流中感受到这种力量的回归。他注重于对事物的感悟以及深度的冥想，以建筑的形式语言去呈现设计意象：唯美、灵动、匠心。建筑作品与艺术作品不同，任何建成物在其实施过程中会遵守理性的规则，从这点看，他的作品是精致的、理性的，符合建造逻辑的，然而这只是其设计思考中遵守的基本条件。可贵的是，当你身临其中亲身感知与体验，空间氛围传达出那种不可言说的情感。他的作品像一首诗，叙说着生命的记忆、作者的梦想：其中既有对古代院落的当代诠释、对逝去生命的礼赞，又有当代人生活方式的诗意呈现；既能从宏观的尺度考量建筑与城市、与环境的对话，又能从微观的视野思考人类的情感与体验，这种既能满足日常生活又能表达深度内涵的设计，是其作品的特点。我将其称之为神秘的、诗意的、不可言说的内在品质。历史上有多少杰出的建筑师与艺术家的创作过程是可以言说的呢？在我看来，正是这种不可言说与不可见的感悟造就了历史上的经典之作。我更愿意相信能够用语言表达出来的话语只是人类为了交流所形成的共识，并非能真正地表达生命个体所有思考、体验与感悟的全部。

我以为，设计的最高境界是诗性设计，领悟神秘的宇宙、自然的力量以及生命的律动，从而净化心灵，参悟宇宙变化与万物更新。诗性设计是一种悟性，以深思、顿悟、修行去捕捉设计灵感，并以此为切入点精心雕琢空间、形式与细部，巧妙地将建筑嵌入归属于她的场所中，不断地进行修正与细化，从而使之成为人类诗意的居所。周恺一直在践行着，其作品是居者精神的依托，植根于环境中，沐浴在阳光下，随四季变化而呈现不同的形态。他试图赋予每个作品诗意的形式，并表达物质形态之上的文化价值与生命内涵。从而使人类的生活世界重新回到一个诗意的整体，以修行者的方式升华人类文明并使之向更高境界跃迁。

入了保罗的头脑、意识与灵魂，起初是轻轻的、柔柔的，最终是保罗的整个身心与大雪彻底的交融。二十多年来，我一直用保罗的故事去激励建筑学的弟子们，期盼着他们学建筑应该像修行者一样去追求建筑学的最高境界。仔细想来，周恺不正是现实版中最契合的典范吗！

於 天津大学敬业湖畔

2020 年 10 月

结语

学者习惯于写作思考，用文字去表达思想。周恺习惯于用线条构思与写作，将其对场所的感悟、空间的想象与建造的艺术用一根根线进行排列与组合、呈现与表达。无论是画中的几何与形式，还是建成作品中的空间与氛围，均体现出作者深邃的悟性与匠心。画一幅优美的画并不难，难的是如何将画转变成精致的建成环境，并使得体验者深切地感悟出空间的美学、建造的艺术以及诗意般的情怀，周恺做到了！正像约翰·海杜克笔下看雪的小男孩保罗一样：雪融

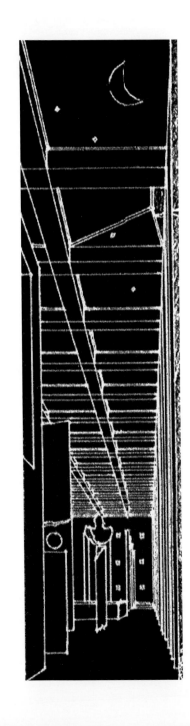

建筑论述：场所、空间、建造
ON ARCHITECTURE: PLACE SPACE CONSTRUCTION

周恺

建筑设计是艺术与技术的结合，它和其他艺术设计最大的区别在于它是在特定环境中进行的、富有功能性的创作。在我看来，它是对场所的解读、对空间的塑造，是一种遵循建造规律的创造性活动。

纵观自己近三十年的建筑师生涯，对场所、空间、建造这三点的关注始终是我工作的主线。在我看来：对场所的解读，是设计的开端，是营造空间的基础，也影响着建造方式的走向；对空间的塑造，是设计的主体，是对功能、建造逻辑的具体体现，亦是对意境的营造和表达；对建造的诠释则是对技术和材料的合理应用，更是对建构的巧妙回应。

一、场所 Place

场所首先是场地。场地会带来很多信息，对场地的解读往往是设计的起点。

在中国传统文化中，好的建筑都要经过"相地"，就是在选址中考虑对自然资源的合理利用、寻找适合建造的物质环境，大体类似于我们今天对基地的现场踏勘及分析。"相地"的核心思想是人与自然的和谐相处，研究场地的第一步就是分析其所处的自然环境，包括气候特征和地形地貌。

我一直以为，民居是古人对气候环境和人之间良好相处的经验与智慧的结晶。例如北方的院落和胡同儿、南方的天井与冷巷等，前者为了争取到更好的朝向和采光，后者则更多的考虑遮阳、通风等需求，因此它们从空间尺度等方面很好的顺应了不同地域的气候特征，这些营造智慧都值得我们在设计中学习和借鉴。

《园冶》中把基地分为六种，首当其冲就是"山林地"。而且计成认为山林地是造园的首选地，"自成天然之趣，不烦人事之工"，充分体现了古人渴望构建理想人居环境的思想。无独有偶，路易斯·康也曾经说过，"当你要赋予某件事物形象的时候，你必须参询自然，这是设计的开始"，可见大道至简，东西方的设计理念都是要尊重自然、天人合一。"天地有大美而不言"，在大自然中做设计，环境作为背景，建筑应该是尊重环境、与环境相得益彰，而不是过度地表达自己。

其次是社会环境，包括大范围上对城市的理解和对地域特色的呼应，小范围内对周边的道路景观、既有建筑的协调等等。

现在有些城市相对缺乏自律，对城市的整体性也不是特别的在意。城市的美是多元的，但更应该是和谐而相对完整的。在城市的大背景下做建筑，其实要对整个城市原有的脉络、韵律和整体性统一考虑。一直以来，我们的观点都是尊重规划和城市设计，尊重建筑所在区域原本平衡的秩序，不希望过分地强调标志性，而更期待与周边建立起良好的互动关系，以一种谦和的姿态融入城市环境。

设计中的限定条件往往与法律法规、地方政策和规划指标分不开。对于这些必须遵守的方面，也需要化被动为主动，以一种积极地方式去应对。遇到不规则的地块，或者因法规退线而得到一个异形的地块时，实际上有可能是给我们带来了机会，去创造一些平时也许想不到的空间和形象。换个角度来看，限定未必是限制，在限定中创作，也常常带来别样的惊喜。

再次是人文环境。如果说前面提到的自然环境和社会环境是偏物理性的场所的话，在一些特定的场地中，一些特定的情况下，一些特殊性的东西，都可以为场地带来特殊的氛围，引发某种精神上的共鸣。在这里，场所的概念更加抽象，或许可以用舒尔茨的"场所精神"来说明。

例如，当城市整体具有某种历史文脉时，历史的场景感和氛围就成为了主导建筑走向的重要方面。这时，设计的关注点不仅要从城市层面考虑，还应该把视野扩展出时间的维度。在这种情况下，我们通常会选择做历史的配景，以低调的姿态呈现。建筑还会在空间、材质、颜色上呼应历史，与城市和老建筑在和谐统一的基调下进行适度的转译。

当遇到某些特殊或重大的事件时，场所会产生强烈的象征意义和纪念意义。例如一些灾后重建项目，除了要对旧有场地的历史文脉进行延续，还要重塑忆念的精神空间。

有的时候，一个人的经历与回忆、一座老建筑，甚至一棵古树，因为给人带来的回忆、共鸣或情绪上的感动，将一块土地变成富有意义的场所，使其所包含的建筑与大地、天空、人物的活动等建立起密切的联系，才能够充分体现出场地的物质与精神之双重价值。

反过来说，不是每个场地都有场所精神，场所精神比场所有着更广泛而深刻的内容和意义。就舒尔茨的理论而言，它是一种总体氛围，是人的意识和行动在参与的过程中获得的一种场所感和归属感。当建筑存在于特定的场所中，那种场所精神就要求建筑能够反映出场所的特征，并创造出容纳人们活动的具有强烈人文气氛的建筑空间。

建筑也影响着场所。建筑一旦建成就成了新的场所重要的元素，是之后的建筑必然面对的。在这一前提下，我们也希望建筑能够为未来的建设提供某些人文气息。当然，就算做不到这一点，能够让它融入自然、融入社会，符合此地、此景、此时，也是我们的追求。

二、空间 Space

空间是建筑区别于其他艺术形式的地方，虽然我们在听音乐、看绘画、雕塑时，也会提到空间，但那些是想象的和看到的空间，建筑的空间才是实实在在的可以体验和使用的真实空间，也是相较于其他艺术形式，最需要被表达的部分。

人们喜欢用《道德经》中的一句至理名言来解释定义空间，对此，大家早已耳熟能详。它说明了"器"的实体部分只是外壳，而真正有用的是"空"的部分。不同的空间会给人以不同的感受，人与空间互动对话进而产生不同的情感。只有人参与产生了感知，才能成为真正意义上的空间。由此看来，空间不仅有其"用"的功能，更有其"感"的内涵，即除物质之外还有精神层面上的丰富内涵。建筑之所以为建筑，就在于它给人们活动与感知的空间，建筑空间的魅力，正是建立在可感知的特征层面上。因此空间是建筑的灵魂，创造与研究空间才成为建筑学的核心内容。

对空间而言，仅仅合理、好用显然是不够的。如若能够结合功能布局、尺度开合、流线组织、材料细节、光影变幻、景观配置等方面创造出独到的空间意境，才是更重要的。

建筑空间包括诸多的构成元素和丰富的创作表现方法。对空间的组织，实际上是如同电影般，将一些场景和情境进行编排。路径的变化、所经空间的先后顺序、尺度的开合等，不仅将各个功能空间串联起来，还可以为空间增添趣味，更丰富了人们的体验感，这也是我非常喜欢的地方。值得一提的是，有的时候一些看似没有用的空间，反而如同山水画中的留白，能带给人们些许不一样的感受，在这里，也许会因思绪的放空，而产生一些特殊的情绪，这也是我们想要追求的意境。

就空间界面来看，不同材料的质感和色彩也会呈现出不同的空间效果，尤其当有光线撒入时，会营造出不同的氛围。如果我们翻看大师作品，"光"总是在其中占据格外重要的地位。哪怕是整体可以暗下来的空间，也是为了烘托那道神圣的光。或许正是受了前辈大师的建筑的影响，我一直非常注重对光的运用，也几乎在所有建筑中都借助天窗引入了自然光。

随着日出日落，光影像日晷一样在墙面上投下时间流转的痕迹。光线随时间、天气、季节而改变，甚至天空中的云朵飘过，都会产生瞬息而变的光影，总是给人带来惊喜，仿佛让建筑有了生命力，建筑中最打动人的地方就在于此。可以说，建筑空间的品质与光密不可分，也正是因为有了光，空间才有了意境，有了让人感动和共鸣的感受。

随着结构技术的不断发展，灵活自由的空间已成为现代建筑的标志，并且极大地丰富了建筑的表现形式。在我看来，建筑的外形即便再出色，只要空间有问题就算不上佳作。建筑师需要在长期的实践中不断学习、研究、总结，才能熟练掌握这套创作的基本功。

对外部空间而言，意境更显得重要。古人在建房子的时候是尊重自然、顺应自然的，不只强调建筑的外在，更多的是关注它的空间，比如室内外的过渡，包括使用上的过渡、视觉上的过渡和心理上的过渡等等，这与西方雕塑感似的建筑直白的表现方式不同，而是更为抽象和含蓄，这种与自然的共生关系，体现出一种东方意境。因此我们特别喜欢做院子。在建筑中引入院落，不论是那种尺度只有一两米的小院，还是几十米长的大型庭院，一旦种上植物，哪怕仅仅是瘦竹霁雪，老树枯藤，都会让空间的氛围静谧与平和了起来，产生出一种深远的意境。

三、建造 Construction

建造是一切建筑活动的根本。结构是建造的骨架，是建筑空间得以实现的力学基础。对我而言，建造也包含两个层面，即合理的建造和巧妙的建造。

合理性首先是建造方式的选择。包括结构选型、具体的实现办法以及建造的逻辑顺序等。框架结构、钢结构、清水混凝土等建造方式对建筑空间的塑造是完全不同的，明确希望达到的空间效果，才能恰如其分地进行结构选型。建造的做法、工艺、材料也和最终呈现的效果密切相关，我们可以不去计算精准的结构断面，但是要清楚它们的可能性和极值边界。

当你把一个合理的建造，包括它的连接关系做得非常讲究和到位的时候，就达到了密斯所说的"两块砖头的巧妙叠加"。弗兰姆普敦在《建构文化研究》一书中，将之定义为建构，即诗性的建造。

或许我们对建造的把控还达不到建构的境界，但当我们注重设计语言的文法，用恰当的材料、巧妙的连接方式去解决建造中的问题，也就形成了一个带有诗意的表达。

建造知识的掌握离不开对建造技术和建筑材料的持续的学习、研究和积累。新的建造方式，会为空间和形式带来新的变化；材料的属性，也会对空间效果产生质的影响，会为建筑带来别样的魅力。作为建筑师，还要清楚建造的逻辑关系，只有巧妙的运用建造技术、建筑材料和建造逻辑，才能做出一个真正高品质的建筑。

不论是对场所的解读、对空间的塑造还是对建造的使用，都在理性与感性中交织。理性地分析能够遵循原则、保证功能的合理，对应着建筑的普适性；而感性的想象则可以突破限定、激发情感的共鸣，对应着建筑更为重要的独特性。在我的项目中，设计多是从两极出发，相向而行，尽可能的在满足限定要求的情况下，充分依靠直觉、灵感和想象，让思维挣脱束缚，畅享多种可能，力求寻找到最智慧且独特的解决方案，在理性与感性的综合思考中渐渐达到属于不同项目的平衡点。

从场地到场所精神，从空间到意境，从建造到建构，无一不是从理性走向感性，所以那些在"情理之中，意料之外"的设计，往往也最令我们欣喜和感动。当然，在这样的过程中，实现建筑与场地的"相融"，空间与意境的相融，技术与艺术的相融，最终实现感性与理性的相融。

2020年11月

WORKS

作 品

天津师范大学艺术体育楼
ART AND SPORTS BUILDING, TIANJIN NORMAL UNIVERSITY, TIANJIN

1999-2001 天津

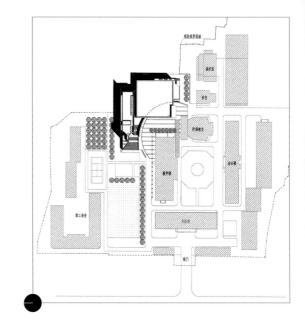

　　天津师范大学艺术体育楼，是一座包含体育场馆、艺术教室、办公等功能的综合性建筑。项目位于校园东北角的内环路转角上，周边被老建筑包围，用地十分紧张。骤然用一栋新建筑将地块填满并阻断交通显然是不可取的，我们还是希望能够尽最大可能保留校区内唯一的环路，方便老师和同学们通行。那么如何化解这一苛刻的场地条件就成为首要考虑的问题。

　　首先，根据功能所需归类，得出了三个相对明确的建筑体量，即一个六层高的条形教学办公区、一个可容纳约200人的报告厅和一个35m见方的体育馆。但若将体育馆布置在场地中，几乎占满了原本的内环路，这与我们不希望阻断交通的初衷是相违背的。为此我们提出了一个大胆的构想，将体育馆整体架空，其下以一道弧墙穿过，墙外一半形成架空空间，既作为建筑的入口广场，也还原了原本的校园环路通道；墙内一半则恰

好放置报告厅以及展厅等大空间。为此，我们与结构工程师密切配合，讨论适合的建造方法，最终以四根34m跨度的后张法有粘接预应力大梁，将体育馆支撑在四根立柱上，实现了这一想法。

　　在架空的体育馆和板式教学楼之间，布置了一个宽10余米的大阶梯，一直延续至五层，既解决了体育馆的交通及教学楼的疏散，又能结合地面操场形成看台，还将两个不同尺度的体量进行了有机衔接，且自然地解决了施工断缝的问题。

　　在总体构思的指导下，建筑的室内空间设计与功能分析、外部造型设计同时进行。首层门厅结合预应力梁设置暴露的井字梁格，并结合灯具布置。厅内以一部具有雕塑感的螺旋楼梯连接一二层空间。在有限的内部空间中，借助天窗、侧窗、窗洞及玻璃砖等引入不同质感的光线，光影的变化为室内空间增添了一些感性的色彩。

　　项目结束后，在与同行交流的过程中，我们总结了一些在设计中关注和强调的地方：设计从限制性的场地条件开始，以积极的空间和建造方式回应；以简约的手法和质朴的材料强调设计元素的本质，在达到功能要求的同时，营造一种含蓄且诗情画意般的空间意境和情感；学习新的技术，找到合理且具有创造性的建造方式。虽然之前从学生时代就对场所、空间、建造等不断思考，工作后也已经实现了一些项目，但艺体楼可以说是第一次按照我自己的想象，将这三方面综合考虑并得以实现的建筑，于是便以"场所·空间·建造"作为当时的讲座题目。这不仅是在特定环境限制下对场所、空间、建造的一次有益尝试，更为今后的创作生涯奠定了基调，建立了信心。

本文根据原载于《世界建筑》（2000.03）的《理性与感性的契合——天津师范大学艺术学院艺体楼设计随笔》（周恺）一文改写。

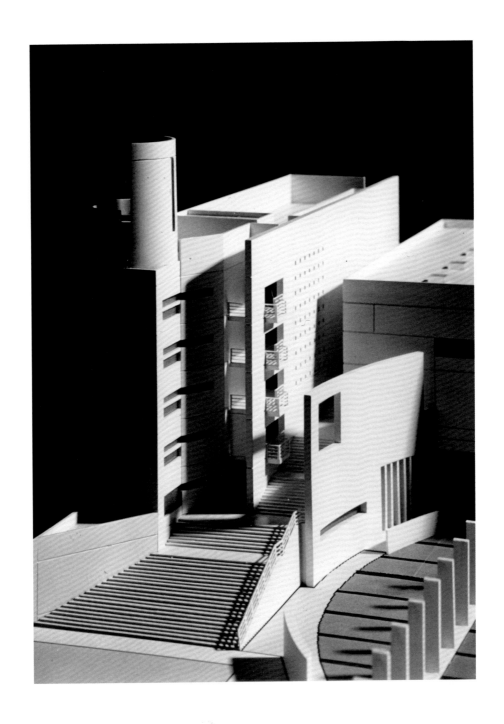

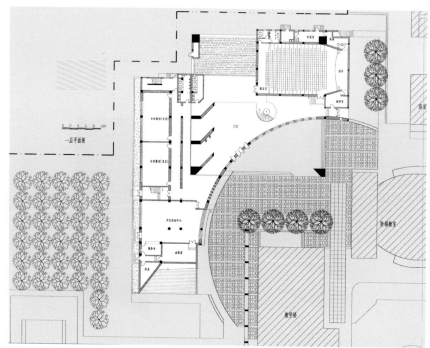

首层平面图

天津大学冯骥才文学艺术研究院

FENG JICAI RESEARCH INSTITUTE OF LITERATURE AND FINE ART, TIANJIN UNIVERSITY, TIANJIN

2001-2005 天津

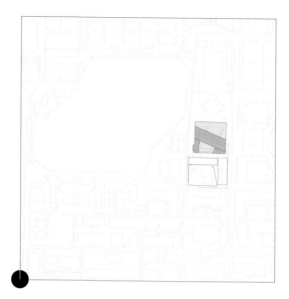

2001年，冯骥才先生受聘于天津大学，主持成立了冯骥才文学艺术研究院，同时，我们也很荣幸地接受校方和冯先生的委托，有机会在自己的母校完成第一个建筑作品——天津大学冯骥才文学艺术研究院。

场所

从场所的角度来看，它的限定条件也非常多。首先，场地位于教学区、生活区和运动区交界处的原体育教研组和小篮球场的旧址，且有大量的高大树木；其次，地块形状方正，对面是主体育场，南侧是老教学实验楼，北侧是马鞍形小体育馆；另外，西侧与校园内最大的青年湖相邻，却被一座房子挡住了一半视野。

另外，校方在天大这个传统的工科院校中引入文学研究院，本就是希望创造一个与校园别处不一样的、有人文色彩的空间。而冯先生本人也希望建筑要兼具现代感和东方气质，这也与我们希望强调建筑意境的想法相吻合。结合场所特质，"围院"似乎成了不二选择。

首先，用尺度略被放大的院墙将地块围成一个60m见方的院落，在物理和心理上隔绝外部的喧闹与嘈杂，形成一方安静的天地，并用秩序、高度和材质与周边的老建筑呼应。围合但并不"拒绝"，院子是可以自由穿过的；同时，将大部分墙体做了挖空处理，仅剩下满足支撑的结构体系，形成大小各异、形状不一的洞口，减少了对内院空间的压迫感与封闭感。

树木作为场所中最温暖的记忆被保留下来，虽然它们为设计和施工带来了很大的麻烦，但还是希望借由这些记忆让老师和同学们对新的建筑与场所产生亲切感。

空间

在院落内部，结合功能把建筑整合成长条状斜置于院子中，偏转的轴线直指青年湖，建筑长向的端头与院墙合二为一，使空开的院墙恰巧在视线上避开了遮挡青年湖的小房子，有选择地形成了院内空间与周边开放空间的沟通与景观因借。为了营造一种静谧的意境，我们希望在院中增设一片静水。这时，之前的建造经验提供了必要的支持，我们同样选择了预应力的结构和尺度，

首层平面图

夹层平面图

二层平面图

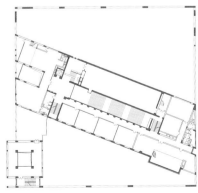

三层平面图

将建筑中间段 34m 架起，这样院子就又被"还"了回来。一片平行四边形水面垂直于房子轴线从整个架空处穿过，既连接了前后两个楔形院落，也通过透视增强使得院子东北角主入口处的景深达到最大。院子里的铺地则主要由漫地的青砖、立砌的瓦片小径以及水池边的木板路三种材质完成，追求质朴的同时希望表达一些与传统意境的融汇。

建筑布局依循功能，由南北两条功能用房夹中间一条中庭。展厅部分面积大，层高较高，对采光的要求更多来自天窗，因此将它们组织在北侧，外立面大片的实墙恰好可以作为院落的底景；研究室部分单元面积小，层高正常，更多要求临窗自然采光，被组织在南侧一条，外立面均匀开窗，朝向相对封闭的后院；另有校史展厅隅于西南角，单独设有向西的对外出入口。功能逻辑相对简单，光线依然是主角，尤其在通过大楼梯将一至三层连接起来的通高中厅，光线经过屋顶天窗下细密格栅的梳理和木色的浸染洒满整个中厅，并随时间不断变化位置，仿佛自然界的精神洗礼，让人感动。

建造

除却在空间营造时对预应力的合理运用，在这个项目中，合理而巧妙的建造还体现在外部空间界面的材质表达上。

最初，我们对院墙和建筑主体的墙面材质设想是全部采用清水混凝土，且相应的施工图也已经绘制完毕，但最终由于造价缩紧不得不放弃。经过在现场和工人师傅一起反复推敲和试验，终于在每平方米不到 50 元造价的苛刻控制内"研制"出一种非常规做法：在加细骨料的 C30 混凝土初凝抹面上用电锯进行纵向切割，再辅以人工凿毛，做出一种类似石材剁斧的粗粝质感。

在某种程度上，这个项目对我来说很特殊，不仅机会难得，而且是在职业生涯的初期，有甲方和业主的支持，让我能够实现对"场所 · 空间 · 建造"的多重思考：场所，从最基本的场地信息到具有某种精神性的场所；

空间，从功能性的空间布局到空间意境的营造；建造，从合理的技术方式到诗意的建造。如果说前一个项目实现了对场地、空间、合理建造等物质性层面的表达，冯骥才文学艺术研究院则希望达到对场所精神、空间意境和诗意建造的理想追求。

如今，冯骥才文学艺术研究院已建成十五年有余，冯骥才先生也与我们始终保持着紧密的联系。在建筑的使用过程中，我们几次为其做调整改造，如增设玻璃廊桥、改建报告厅等，甚至在庭院内增设装饰性的老门楼、雕像等，冯先生也会向我们征询意见，这是建筑师

与业主间建立起来的最好的彼此信任的关系。最近，冯先生又委托我们在这座建筑旁边设计了天津大学冯骥才学院博物馆，目前正在建设中。

建筑师与摄影师也不断地记录着这座建筑的成长与变化。当初沿墙种下的爬山虎，也如我们的想象，顺着剁斧凿毛的立面向上生长，甚至超出预期爬满了整座房子。建筑也仿佛有了生命一般，随四季不断变化着"表情"，带给人们惊喜与感动。

根据原载于《建筑学报》（2008.9）的
《天津大学冯骥才文学艺术研究院》（周恺，张一）一文改写

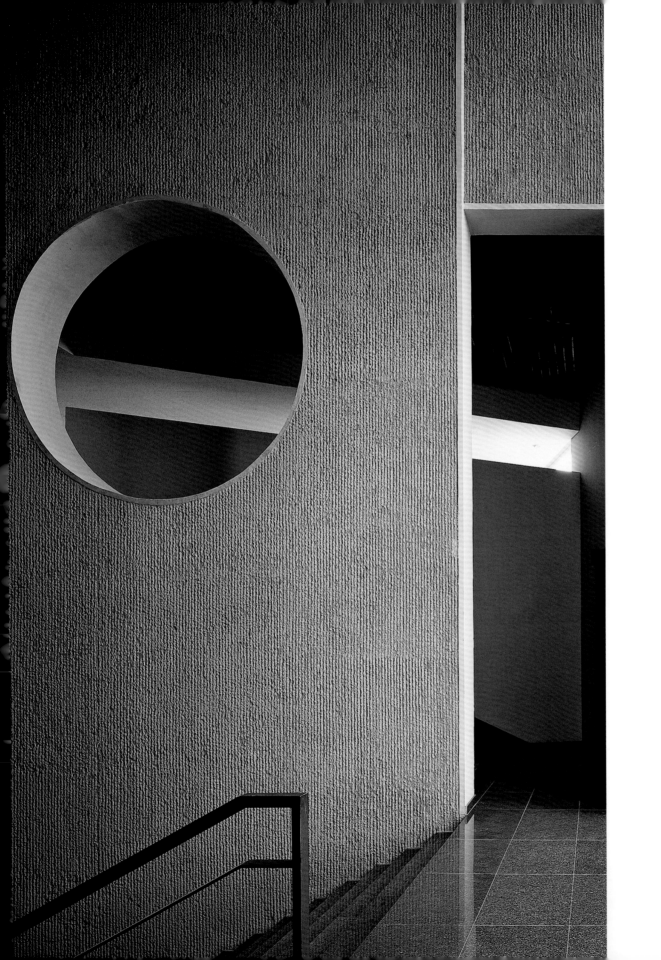

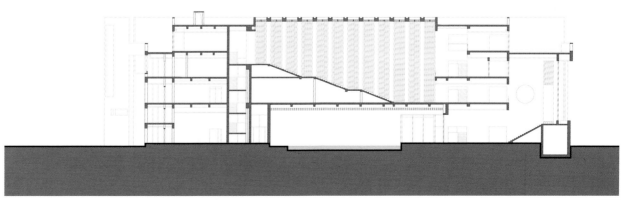

剖面图

天津大学冯骥才学院博物馆
MUSEUM OF FENG JICAI COLLEGE, TIANJIN UNIVERSITY, TIANJIN

2017- 天津

冯骥才学院博物馆位于天津大学卫津路校区内，西北侧面向青年湖，北临冯骥才文学艺术研究院，南临第八教学楼。在这样一座历史与人文气息浓厚的校园中设计一座博物馆，无疑是兼具意趣与挑战的。

基地上原有四座建筑，东侧一座坡屋面建筑具有天大老校区的典型风貌，保留、改造为博物馆办公研究区；北侧一座拱顶建筑有独特的结构形式，且具有历史价值，保留、改造为博物馆主入口与接待服务区；为了适应博物馆展览、储藏等空间需求，以及开挖地下室的需要，将另外两座建筑拆除，并在空出的地上新建一座清水混凝土建筑，承担博物馆的展览功能。

经过改造与新建，博物馆成为了一组建筑，庭院在其间形成了连接与过渡。在新建区与东侧保留建筑之间，一道斜墙形成了一个楔形放大的室外庭院，从北侧拱顶建筑中恰好可以看见这个安静且光影丰富的庭院，以及庭院两侧新、老建筑间的对话。

主入口位于博物馆与文学院之间的庭院里，庭院中原有的树木、文学院满墙的爬山虎，共同形成了一个独特的室外空间。在此处增设了一条锈钢板搭成的长廊，成为了入口雨篷，配合雕刻标识形成了博物馆主入口的提示。钢板自身的工业感以及安装后在露天环境中锈蚀老化的特性，以一种相对消隐的姿态，很好地融入既有环境之中。

由于周边道路的限制，建筑外围场地十分有限，因此，承担主要展览功能的新馆，具有更多的内在丰富性。从主入口进入，穿过拱顶建筑下的门厅，进入新馆中。由于展区层高的需要，首层局部展厅下沉，先要下几步踏步或是坡道，再进入展厅，这一高度下降的过程让观者安静下来，更好地融入到观展氛围中。而踏步与坡道本身，又与通高空间、高低地面一起形成了特殊的空间。

通过一个有天光的楔形楼梯上到二层，是二、三层通高的有丰富天光的共享空间。这一空间与周围的两层高的展厅体量共生，几道竖向的、通向外立面的光亮空间在展厅间延展。通向东面的一道，可以看见东侧保留建筑的立面，高处是保留的天车，以及在三层连接两侧展厅的步道；面向南面的一道，则是从二层走上三层展厅的楼梯，正南向的阳光会从这里进来，照亮楼梯与共享空间。在建筑简洁质朴的形体上，这几道竖向空间反映在外立面上，由此形成了博物馆内与外部环境的沟通。

由于功能与形体上的紧密关系，冯骥才学院博物馆与冯骥才文学艺术研究院，通过外部的几道墙体进行了有机连接。沿街东立面上，墙体在两座建筑间开口，而这里正好是博物馆东北角处，首层打开的空间形成咖啡馆与艺术书店。由此，在形成自身完整性的同时，博物馆与校园有了更为亲密的关系。

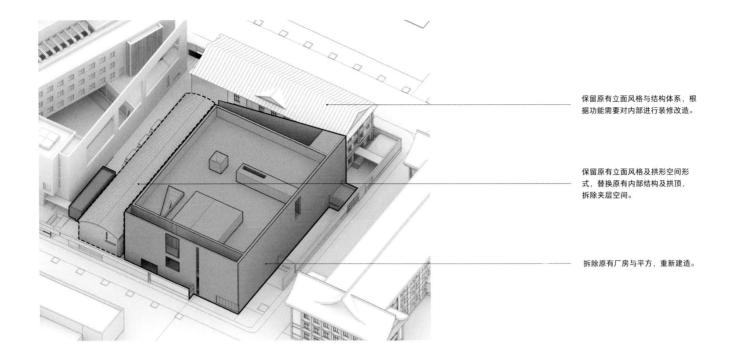

保留原有立面风格与结构体系，根据功能需要对内部进行装修改造。

保留原有立面风格及拱形空间形式，替换原有内部结构及拱顶，拆除夹层空间。

拆除原有厂房与平方，重新建造。

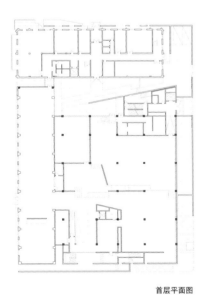

首层平面图

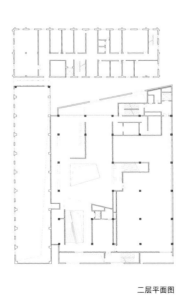

二层平面图

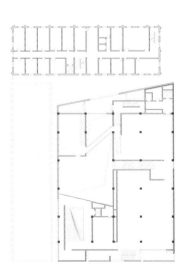

三层平面图

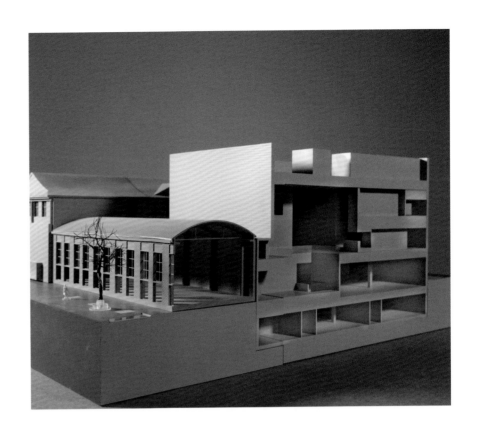

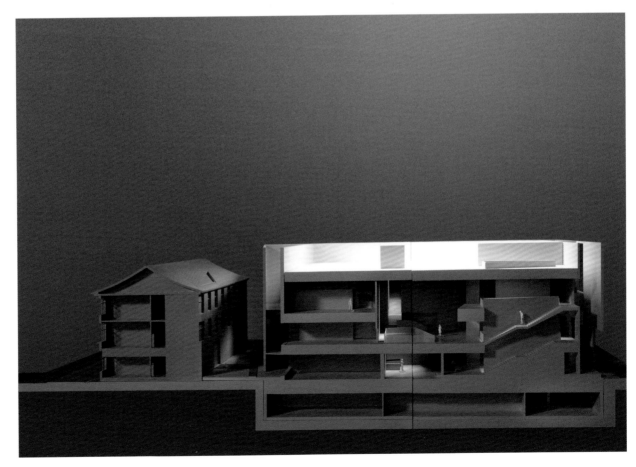

THE DESIGNER TODAY
SHOULD NOT HELP TO
PRODUCE MORE. HE
HAS TO HELP PRODUCE
FEWER AND BETTER
THINGS. THERE IS A
BEAUTY, AN AESTHETIC
AND PHILOSOPHY OF
THE LESS.

Exhibition Hall

Special Exhibition Hall

南开大学商学院综合教学楼

COMPREHENSIVE ACADEMIC BUILDING OF BUSINESS
SCHOOL ,NANKAI UNIVERSITY, TIANJIN

2002-2005 天津

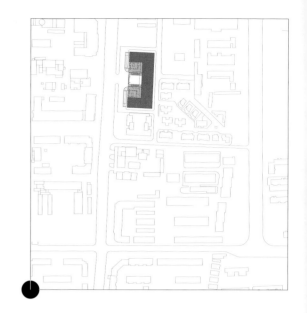

作为国内首批9所工商管理硕士(MBA)试点院校之一，南开大学于1999年7月成立了专门的MBA培养管理机构，并为此建设一栋商学院综合教学楼——MBA中心大厦。

MBA中心大厦位于天津市南开区白堤路东侧南开大学校园内，西面紧邻城市道路白堤路，同时靠近南开大学西校门，地理位置十分重要。此外，南面是博士后公寓，东面是学府花园别墅区。用地面积8 260m²，由于建筑限高50m，对于建筑面积近3万 m²的设计要求，基地显得十分狭小。在对城市街道空间的塑造上，建筑西侧退让出一定距离作为疏散广场。在自身形体的处理上，采用东高西低的策略，以减弱建筑体量对城市街道形成的压迫感。最终，建筑沿垂直白堤路的轴线呈"凹"字形对称，满布整个基地。

设计的难点在于除常规教学功能要求外，还要求设计多个超大尺度的体验式教学空间作为报告厅，使本不宽裕的用地变得更为紧张。为此，设计了一个竖向发展的立体空间以解决这些难题，首先按不同功能将空间整合为几大功能体块，再将其立体化地组合在两个巨大的方形体量中，通过在不同层高与交通体系的统筹串接，共同形成一个空间高效、功能集约的新型教学场所。

建筑要求四种主要功能空间，按面积大小依次为：

一、多功能报告厅；二、面向公众的多媒体大教室；三、普通教室；四、讲师、博士生的办公室及研讨室。这四种功能的空间，其位置、朝向、层高都根据需要有所不同，同时还要按照一定的秩序有机地组织在一起。

方案中两个规模最大、层高最高、人流最多的多功能报告厅分列入口左右，并与入口门厅一起作为整个建筑的首层。二层以上建筑的南北段布置多媒体大教室，层高5.85m；中间连结部分沿东西向布置普通教室、办公及研讨室，层高3.9m——两层大空间与三层小空间的总高度相等，相互之间通过错层楼梯实现空间转换，使平面布局紧凑合理，使用路线简洁高效。

由于是学校建筑，工程造价不高。在造型语言上，设计追求真实、完整的表现方式，不做虚假、琐碎的装饰。入口门厅、多功能报告厅及其两侧的会客厅用黑色石材包裹，形成一个深色的基座，上面放置两个白色的方体，4根预应力混凝土柱子将建筑由实体上的凹字形变成了方正的形体。多媒体大教室用仿木色的混凝土格子包裹，并嵌在白色方体中，既尽可能地满足了采光要求，同时也巧妙地避开了层高不同所带来的立面难以协调的问题。西侧凹进去的部分则安排办公空间，为了遮挡西晒同时便于立面自由开洞，向外挑出1.2m的阳台，沿着外廊设置灰色的挡片，使建筑正立面呈现一个

完整的面貌。

与传统教学建筑相比，该项目空间组合方式的不同带来了建筑形式的不同，其简洁有力的建筑语汇、强烈的色彩对比，传递出现代高校简约大方的形象气质，在校园与城市之间形成了有机的过渡。

方案通过高墙、室外楼梯、屋顶花园、庭院等场所，试图在有限的空间里营造一种书院氛围，以提升整个建筑的环境品质。因为用地紧张，建筑西侧入口紧邻城市道路，建筑首层几乎铺满用地，周边已无环境可言，仅在入口处设置一小竹院，增加学院的人文氛围。并利用两侧报告厅的屋顶设置绿化庭院，既作为城市景观的一部分，也为围闭的建筑体量增添了一丝情趣。前院顶部的格栅天棚在侧墙上形成丰富的光影，连同两侧的翠竹，营造出一种闹中取静的气氛。为方便报告厅的人流疏散，报告厅两侧设有楼梯，人们可以沿楼梯从不同标高的入口进入报告厅。楼梯从前院一直通到报告厅上部的屋顶花园，深灰色的高墙夹着楼梯，斑斑竹影映在高墙上，给人一种曲径通幽的感觉。

根据原载于《时代建筑》（2007.1）的《在限制中创造——天津南开大学MBA中心大厦设计》（周恺，徐强）一文改写

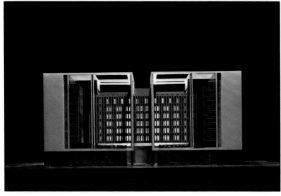

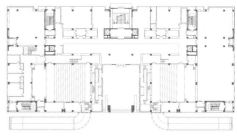

首层平面图

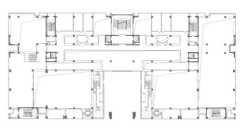

二层平面图

三层平面图

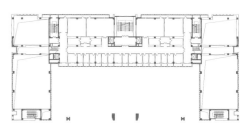

四层平面图

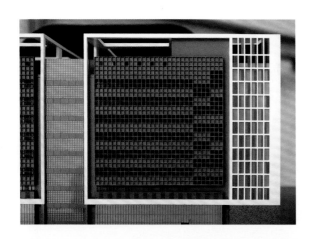

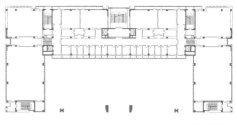

五层平面图

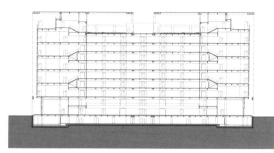

剖面图

南开大学陈省身数学研究中心

CHEN XINGSHEN INSTITUTE OF MATHEMATICS,
NANKAI UNIVERSITY, TIANJIN

2002-2005 天津

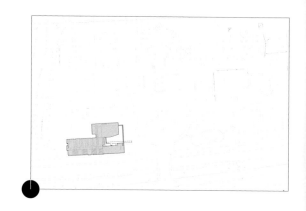

1985年，国际数学大师、著名教育家陈省身先生在南开大学成立了南开数学研究所（后更名为陈省身数学研究所）。1991年，该所决定建设新馆，为此举办设计竞赛。很荣幸我们在竞争中赢得了项目的设计权。

建筑基地位于南开大学主广场以西，南面临河，且朝向城市主干道；西侧和北侧均为校区附属建筑。场地中除南开主楼及其前广场到校门之间的轴线关系外，其余附属建筑未能与南开主楼形成有机联系，各建筑布局及形态相对孤立，现状缺乏统一的空间秩序。方案之所以被陈省身先生选中，主要原因是设计在较好地满足数学所的功能需求外，还着力于强调对项目所在地——南大主楼广场已有建筑群的尊重和对整体空间秩序的完善。从基地环境出发，设计思路主要考虑以下两点：

1. 建立东西轴线，强化原有空间秩序

为强化校前区中心广场的主导地位，新建建筑沿东侧退让出一定的前院作为建筑的主要出入口，以校前广场为核心延伸出的东西轴线为场地控制线，秩序严整，逻辑清晰。此外，建筑东侧的前广场不仅作为校前区主空间体系的延伸，也结合自身的特质，以院墙、翠竹、太湖石以及局部的架空连廊营造出独具一格的入口庭院空间。这样的设置既丰富了校前区广场的空间形态，也将建筑自身自然地融入整个空间秩序之中。

2. 控制建筑体量，维持主楼的主导地位

在功能要求下，常规设计很难将建筑体量控制在南开主楼高度以下，无法和广场周边建筑形成良好的呼应关系。在形体的处理上，设计采用西高东低的形体变化，高起部分尽量靠西侧，产生一种对南开主楼避让的姿态。另外，方案以沿河的板式布局与朝东的退台方式相结合，从东、南两个方向争取研究室的采光面。并结合地形，立体叠加不同需求的使用空间，增大建筑进深，扩大标准层平面。在建筑容积率不变的情况下，成功地解决了所要求的功能需求。

根据《当代建筑师系列·周恺》
（中国建筑工业出版社，2013.1）中的文章改写

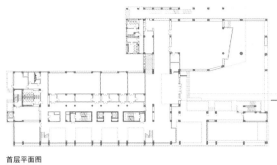

首层平面图

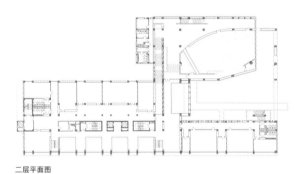

二层平面图

三层平面图

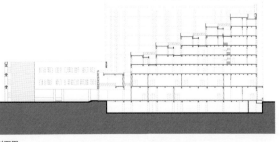

剖面图

松山湖图书馆
SONGSHAN LAKE LIBRARY, DONGGUAN

2001-2005 东莞

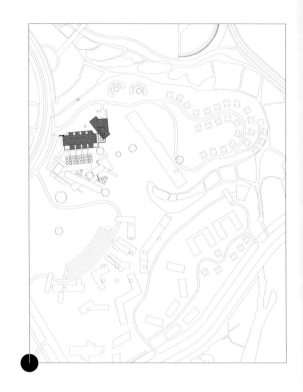

松山湖图书馆坐落在东莞市松山湖北岸的一片丘陵上，建筑面积约15万 m²。基地周围自然植被丰富。为保留南侧古树，建筑北移布置，同时，建筑结合山势而减少对自然生态的破坏。

当三位建筑师在相邻地段上同时进行各自的设计时，三座建筑之间的关联便显得更有意义了。尽管在其后，三人针对各自不同的基地特征及使用功能，采取了不同的应对策略，但考虑到与周边环境的关系以及与邻近地段同时设计的两座建筑取得呼应，我们与其他两位建筑师制定了相同的高度控制线，且三者之间在限制建筑高度的共同原则下，完成了建筑间的围合与尺度上的呼应。

位于三者居中用地的是松山湖新城图书馆，其功能与常规图书馆并无大异。设计中，地上三层主体建筑以

"L形" 形态顺应三角形的缓坡用地. 主要内容是阅览与培训空间，而办公、书库及设备用房等则利用坡地地下部分，结合庭院与采光天井形成独特的半地下空间。这样做，设计既遵循了三座建筑共同设定的高度控制，同时也与基地有机地融合。

图书馆的出入口设置在 "L形" 形体转折处的开放空间，可沿北面坡道拾级而上。坡道上斜穿的筒体，形成了到达入口的遮蔽，而坡道下则是基地上原始的一条人行小路。沿小路拾级而上，遥望到远处的荔枝树，可选择进入图书馆，又可穿越图书馆进入广阔的田野，既符合原地貌的历史肌理，也接通了建筑南北间的景观通道。在强化图书馆入口的同时，更强化了其与景观及相邻建筑的关联。

图书馆内部空间，依功能的动静而分，同时也保有一定的灵活性。空间设计结合遮阳、光井及开窗方式，呼应当地特定的气候及地理条件，对通风、采光以及景观等元素给予关注，以期在合理、适用的基础上形成富有个性的室内空间。

另外，设计中在思考自身与相邻建筑关系的同时，希望图书馆体量在并不宽阔的用地上亦不要对所临道路产生较大的压迫感。所以将 "L形" 体量的两端分别垂直于建筑周边的道路，这使得图书馆内凹的正面还原出自然的坡地，并植以竹木，形成建筑与道路间的良好过渡。

根据原载于《时代建筑》（2006.1）的《三分之一——东莞松山湖新城图书馆》（周恺）一文改写

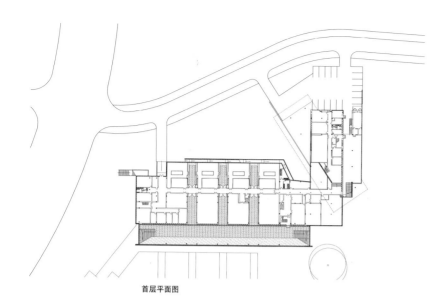

首层平面图

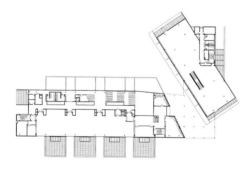

二层平面图

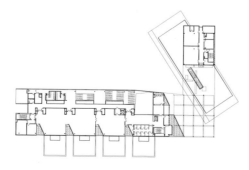

三层平面图

四层平面图

松山湖凯悦酒店
SONGSHAN LAKE HYATT HOTEL, DONGGUAN

2001-2006 东莞

　　继"长城脚下的公社"把"集群设计"的概念第一次带到中国建筑界之后，2001年，我们作为首期被邀请的5家设计单位之一，与其他参与单位共同拉开了声势浩大的本土集群设计项目"东莞松山湖新城"的大幕。在第一阶段产业园区图书馆方案很顺利地通过审批后，我们获得了甲方的信任，后续被直接委托设计位于松山湖新城的五星级酒店——凯悦酒店。

　　松山湖原本是一座大型天然水库，后被政府部门以湖泊为中心进行开发，建设了国家级高新技术产业开发区。这里具有典型的珠江三角洲气质，空气炎热、湿润，丘陵环绕在大片水体周围。距离人口密度高的市区不远，却保持着开阔宁静的环境，呈现出自然纯朴的原生态感。丘陵与湖泊平缓呼应，让人联想起传统山水画论中"平远"的意境。

　　酒店的基地选在松山湖的西北面，一半是丘陵，东南方向有一条视觉通廊可远眺湖景。基地所拥有的独特条件，是其西南侧紧邻近万平米的荔枝树林，其中两片区域的树龄已近百年。场地踏勘时新区大部分的道路还没有修好，我们只能凭着几张比例并不算大的图纸在荔枝林中辨寻着方向。偏偏是这些水面、山丘、荔枝

林成为最深的场地印记烙在了我们的设计构思中，保留它们成为场所营造的最初想法。

　　10万㎡左右的规模已然不小，平面集约的立起两栋塔楼虽然简化了问题，却将建筑置于湖光山色的对立面上。虽然建筑是一门"显性"的表现艺术，但在这里我们却希望让它尽量"匍匐"起来。

　　最终，通过对湖和山关系的"拟态"而使整个建筑"消隐"于自然山水之中。这种拟态一方面通过体量模拟丘陵的设计——两个长条楔形体量呈八字形面水展开，总长度将近500m，高度由中间6层向两个端头逐级递减至2层，当人们沿着环湖步道漫步时，渐行退远一段距离，隔水而置的酒店也慢慢地"幻化"为一个小山丘，最后消失在连绵起伏的天际线里。另一方面，基地上的小丘陵也被充分地利用，它与建筑的材料颜色、架空、平台处理和开口方向等构思一起，形成整体拟态下的丰富变化，既体现了体量的美感，又屏蔽了背后原有的杂乱环境，营造出与周边环境水天一色的美好意象。

　　面水展开的形体在由外而内诗意"被看"的同时，也提供了更多更好自内向外"看"的可能性。两体量相对处略作折转而形成公共区域。入口处抬高一层，住

客经圆形坡道进入大堂即可俯临水景，视线直抵湖面景观最远处。复又拾阶而下即可到达直接临水的大堂吧以及中餐厅。另外一些服务性功能用房顺势被安排在大堂下一层，从而巧妙地规避了不同功能流线交叠的问题。

　　400余间的客房则全部位于两个条形主体量的中前部，同时为避免客房层内交通路线过长而将尾端切离，分别用作高级私人会所和酒店管理用房。在客房的设计中也做了新的尝试，把浴盆从传统卫生间中单独移至面水阳台上，为住客提供一种独特的体验方式。

　　建筑的周边尽可能多地保留住了一片片原生的荔枝林。其中入口右侧的一片荔枝林和简单的黏土砖铺饰地面一起被巧妙地打造成了带有树荫的停车场，乡土而不失优雅。

　　立面材料则采用弹涂工艺的深褐色涂料，能够帮助建筑体量更好地隐迹于环境之中。室内材料相对明快贵气许多，米黄色砂岩、胡桃木、浅色花岗岩等，营造舒缓而亲切的度假氛围。

根据原载于《建筑学报》（2008.5）的
《东莞松山湖凯悦酒店》（周恺，张一）一文改写

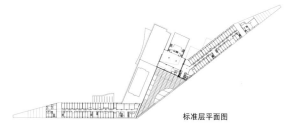

标准层平面图

南京建筑实践展 01 号住宅
PLOT 01 HOUSE OF FOSHOU LAKE, NANJING

2004-2011 南京

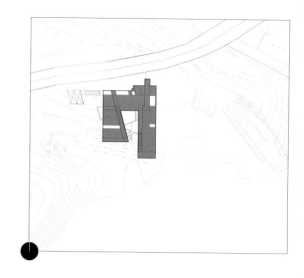

　　2003年，由矶崎新与刘家琨作为策展人，邀请了中外各10名建筑师，在南京佛手湖，以"全球化与地域性"为主题，举办中国建筑实践展。每位被邀请的建筑师通过完成一个500m²的工作室，用作品来表达自己的建筑理念。这是一个非常有魄力的展览，来自不同地方的建筑师，用不同的方法，以建筑实体来进行展示，而不是仅仅通过构思或图面的方式。然而，如此规模的实体展示建设，是有一定难度的，原定在2005年开展，可至今也未能全部完成，仅有部分作品得到实施。

　　设计的过程充满趣味与挑战。地块的分配是在基地现场通过抓阄决定的。我抽到的用地是01号，一片面湖朝南的陡坡，背景轮廓为茂密的树林和远山，是一块难得的好地。第一次看到这块基地时不禁自问：这么美的地方要盖房子？怎么盖好像都是罪过。等到真正盖房子的时候又觉得，须得把这座房子藏起来，做个"隐居式"的概念。于是便有了两个词汇：归隐与平实。

　　归隐，可说是一种愿望，一种意境的追求，嵌入山水，融入自然，找寻一份超脱都市的寂静。平实，则是强调以平实的手法和单纯的形态与环境契合，与自然共处，并在顺应地势的同时，围合出自身的一片小天地。

　　从湖对面看过去，场地环境优美，景致迷人。故方案设计策略是尽量减小建筑尺度，将建筑与环境融为一体。为此设计将建筑嵌入陡坡，建筑屋顶与道路齐平，人们从道路的标高几乎看不到建筑的存在，避免了对主景区在视线上的遮挡。在流线上，主入口沿道路标高进入，从屋顶层平面下行进入建筑的首层平面。室内用一系列的台阶和坡道串联起不同标高的功能房间，同时结合院落、采光井将其有机组织。在形体的处理上，为弱化建筑体量，局部屋顶采取退台式绿植屋面，逐层向水面跌落。从湖面看去，建筑仅仅沿湖探出一个角部，而大部分形体则掩映于茂密的树林之中。这样既可以尽量避免建筑的出现对自然环境的破坏，又可以营造出一种超然世外且归隐山水的意境。

根据《当代建筑师系列·周恺》
（中国建筑工业出版社，2013.1）中的文章改写

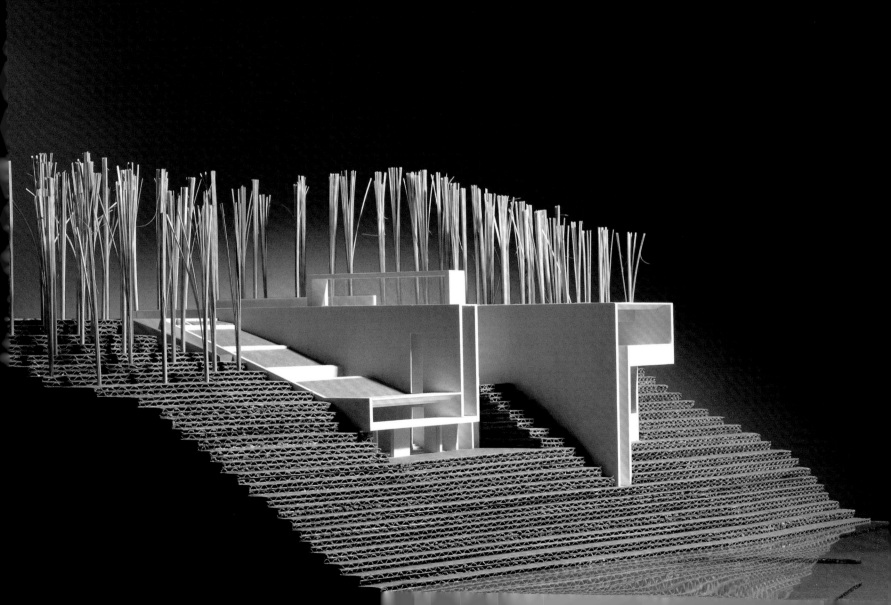

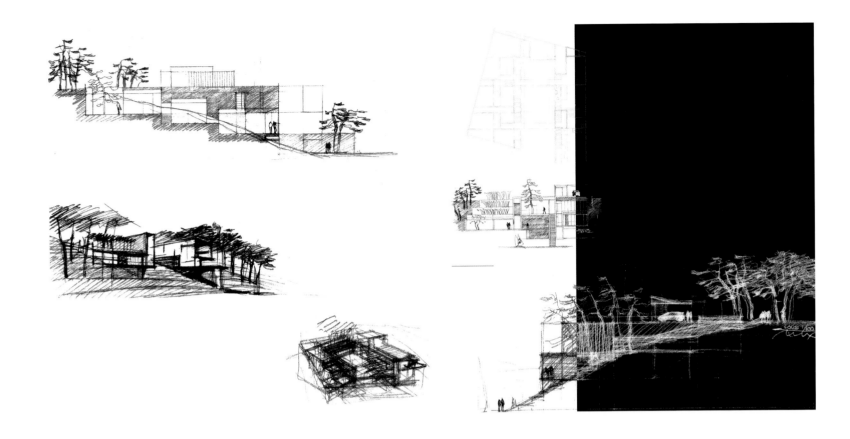

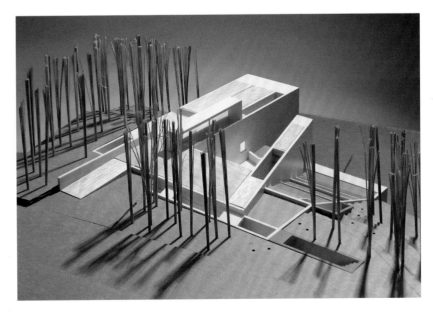

青岛软件产业基地
QINGDAO SOFTWARE INDUSTRY PARK, QINGDAO

2004-2010 青岛

青岛软件产业基地由青岛市市南区政府开发。项目伊始便提出，要在保证开发强度、实现平衡开发与控制拆迁成本的同时，最大限度地保留用地后面的山地景观。但在特定的建筑容积率要求下，不少方案都没能很好地解决以上特定的要求。

基地处在山坳中，四周是起伏的山脉，如何保证高容积率的同时，不遮挡背后的群山，是设计面临的最主要的挑战。常见的基地处理方式，或填平谷地，或堆土成台；保证高容积率的做法则更简单，高层塔楼似乎成为不二选择。但是这种常规的、可以预见的方案，并不能呼应场所的特质。

当我们被邀请为项目进行方案设计时，从基地踏勘伊始，这片山东沿海典型的山地就深深触动了我们。与高耸入云的奇峰不同，它们平缓而连绵不绝。山谷当中一条城市道路横穿而出，坐在高速行驶的汽车上，眼前的景物急速后退，远处沉静的群山氤氲模糊，呈现出"云山千万重"的气象。身处现代化高速行驶的机器中，却体会到古人"只在此山中"的时空交错感，恍然间触动了我们设计的灵感。

设计出发点是尊重山地景观，在最大限度保留基地原貌的情况下，强调建筑的出现尽量不对周边的山体有所遮挡，也不破坏原有地貌的天际轮廓线。因此，设计将原本直立的塔楼水平放置，横跨在谷地两翼。横卧的水平体量一端与城市道路垂直布置，另一端则从路边跨过谷地连接山体，像在山谷之间架设了一座座巨型的"连桥"，每一座"连桥"都是一个多层条形办公建筑，高度控制在4层之内。"连桥"中精心组织了绿化庭院、共享大厅、屋顶绿化平台等符合现代办公需求的公共交流空间，在建筑与山谷之间营造多样化空间氛围。"连桥"之下的凹谷处设计为一个叠水庭院，保留原有凹地地形的同时也加强了对防暴雨、防山洪、防泥石流等自然灾害的应对能力。环绕建筑的车道自然地被引入到组群中来，保证大型建筑效率的同时，也能更好地体验山景。通过长桥可一直走到山上，这里种植了茶树等经济作物，成为人工环境与自然环境的过渡地带。

最终，凹谷这一看似不利的自然条件，成功地转化为有利的因素被组织到整体设计之中，而这些"连桥"所容纳的面积也满足了开发所需的容积，在避免对远山景观遮挡的同时，形成了一个富有山地特色的办公建筑群。

根据《当代建筑师系列·周恺》
（中国建筑工业出版社，2013.1）中的文章改写

首层平面图

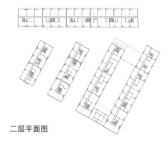

二层平面图

三层平面图

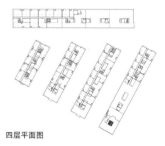

四层平面图

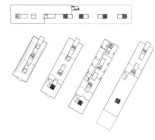

五层平面图

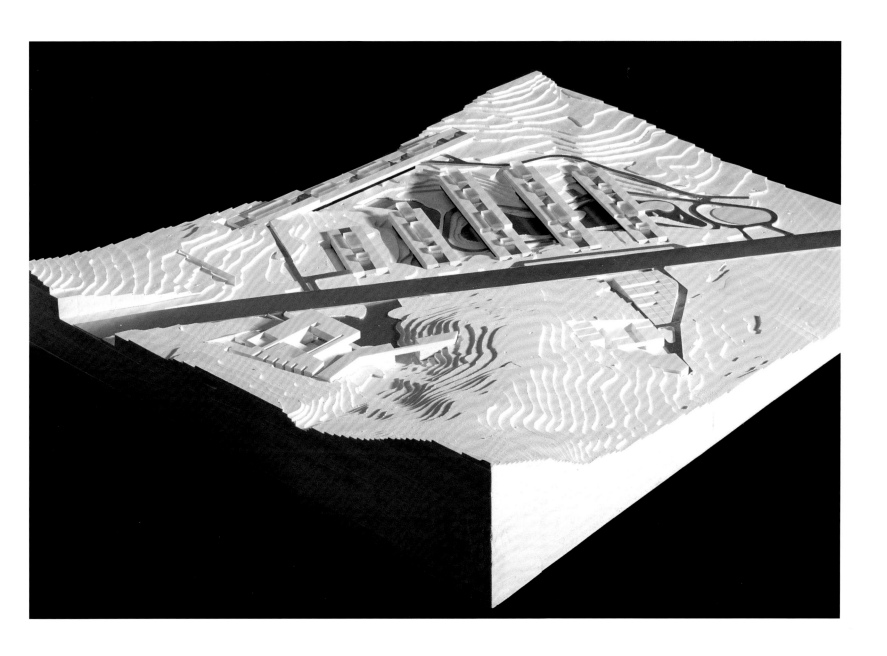

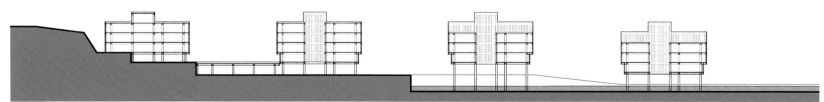

剖面图

建川"文革"音像馆
JIANCHUAN "CULTURAL REVOLUTION" AUDIOVISUAL LIBRARY, ANREN

2004（方案）安仁

　　建川博物馆聚落，位于四川省成都市大邑县。聚落占地500亩，坐落于国家级历史文化名镇、刘氏庄园所在地安仁古镇。聚落内将建设抗战、民俗、红色年代艺术品三大系列20余个分馆，是目前国内民间资金投入最多、建设规模和展览面积最大、收藏内容最丰富的民间博物馆。

　　"文革"音像馆，是建川博物馆聚落集群设计中的一个项目。我参加过不少次集群设计，但记忆中这是参加人数最多的一次。建川博物馆聚落的展示内容又分为抗日文物收藏与"文革"文物收藏两大部分。两位策展人做了详细的规划，对每个项目的高度、退线、街道形式等外部条件均给出了明确规定。每个建筑师负责

两个地块，一个做博物馆，另外一个做开发意图用地。

　　"文革"音像馆，顾名思义，主要用于展示"文革"时期的声音影像类的收藏。与常规展示馆不同的是，本设计强调以听觉的体验感受时代的声音。设计依据展示内容的特性，结合空间的引导，设置了一条曲折前行的立体展示流线，平、坡结合，听、看交替，为参观者创造视听双重感官的空间体验。

　　设计的另外一个独特之处在于，设计师精心设置了两条平行的展示流线，观众根据自己的判断作出选择，这样的选择可能选对，也可能选错。值得深思的是，参观路线选错可以重来，可是人生所面临的众多选择却不容许重来。流线的高潮是人们进入到一个台地形的

放映厅，放映的内容以动荡年代的影像和声音为题材，身临其境的视听体验在每一个参观者心中留下的不仅仅是图像和文字，而是一段鲜活的历史、一个时代的声音。流线的最后是一个空旷的院子，一个四面闭合的狭长空间，一个没有展品的室外展厅，一个供观众冥思的场所。也许人本身就是这个展厅的展品，也许我们该反思的是人类自身：人类不仅是历史的缔造者，也可能是浩劫的造成者。

　　遗憾的是，方案完成后，由于甲方及当地政策上的种种原因，这个项目最终未能得以实现。

根据《当代建筑师系列·周恺》
（中国建筑工业出版社，2013.1）中的文章改写

首层平面图

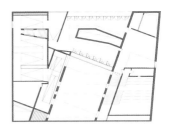

二层平面图

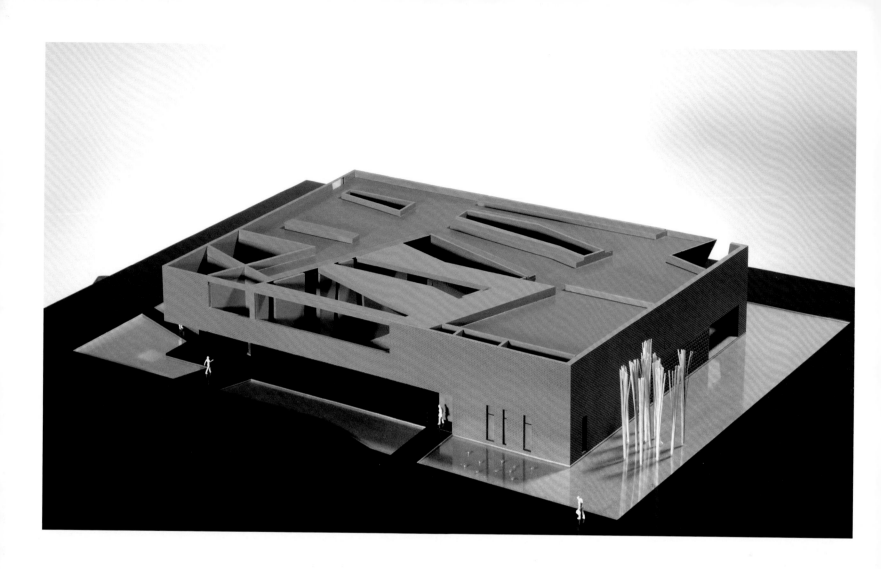

天津鼓楼文化街
GULOU CULTURE STREET, TIANJIN

2005-2007（方案）天津

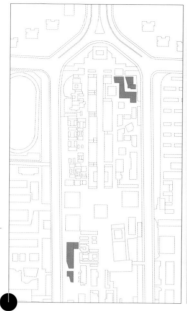

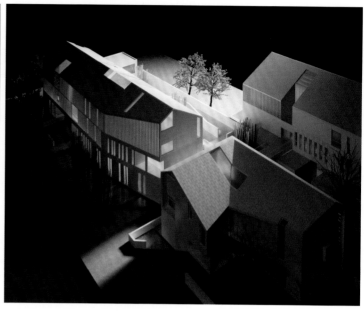

2004年，在天津设卫建城六百周年之际，饱经沧桑、传承津门深厚文化底蕴的老城厢改造工程正式启动。

天津老城厢始建于1404年，与明朝在天津设卫同步。在天津历史上长期处于政治和经济中心地位。作为天津城的发源地，老城厢与租界的区别在于它是属于中国人的，代表了中国式的文化、历史和和管理方式。

1900年八国联军攻破天津，拆除了城墙，标志性的鼓楼历史上也两拆两建，2004年改造之时，已无太多古迹可循，所幸仍能保留部分原有老城胡同肌理，保持了较低的建筑密度。

鼓楼中心街的改造是基于目前已有的南北复古一条街及重建的新鼓楼。用地为鼓楼孤岛沿街的四块空地。我们作为参建单位之一，完成了东北地块角楼和西南地块北部商业的设计。

此项目的规划设计单位URBANUS都市实践提出了"开放的城市博物馆"的思路，用老城厢固有的生动活泼的城市肌理，来代替刻板的棋盘式规划，塑造一个具有历史、文化、旅游和经济价值，并且可经营的城市历史地块，创造有时代感的街区。在这个策略下，我们与另

外四家设计单位（URBANUS都市实践，壹方建筑设计咨询有限公司、齐欣国际建筑设计咨询有限公司、天津大学张颀工作室）既遵循统一的城市设计，又在材料与建筑符号语言上有所区别，将整个群落变成有机的拼贴形式，用不同的风格样式来模拟城市在历史的长河中所显示出的形态的多样性和复杂性。设计尝试探索了中式建筑新的表达方式，为六百年的天津卫再添生机。

然而，方案完成后，由于用地更换甲方等问题，这个项目最终未能得以实现。

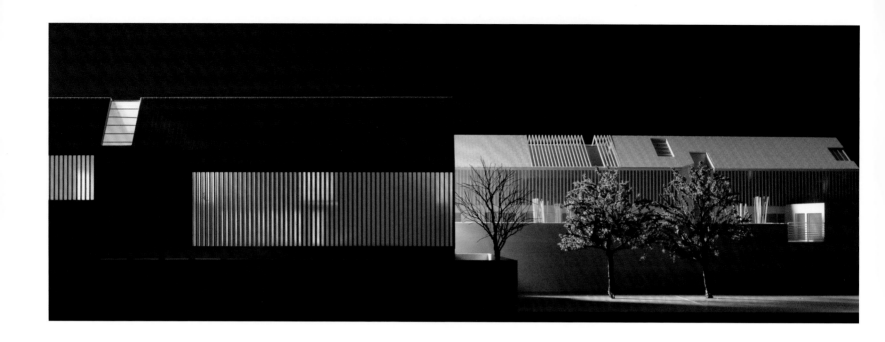

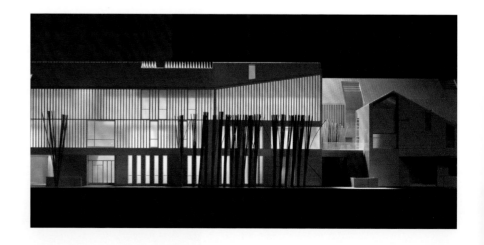

万科棠樾社区中心及低层住区

VANKE TANGYUE COMMUNITY CENTER AND LOW-RISE RESIDENTIAL, DONGGUAN

2006-2008 东莞

万科棠樾居住区位于深圳与东莞交界处，基地环境极好，北邻仙女湖，西接世界最大的观澜高尔夫球场，南侧和东侧被大屏障森林公园包围。整块用地被企洞水库和虾公岩水库分为三块，依山傍水，自然条件得天独厚。

上海"九间堂"项目的成功让那一段时间"新中式"的概念被炒得如火如荼，而且在项目的进行中我们也了解到，我们背负着让万科集团从"欧陆风情"系列中突围，在"第五园"基础上继往开来的重托。在深感荣幸的同时我们的立场也很明确：做新房子，不做"假古董"，不贴"形式符号"。我们无意在项目未开始之前就先卷入所谓风格化的讨论，更不想被"新中式"捆住手脚，还是要实实在在地解决项目的实际问题。具体到这个项目我们的任务很明确，即怎样在一个低层高密度商业地产项目背景下，用现代的材料和处理手法，打造一片带有东方意境并充分与基地山水环境相容的人居聚落，这也是本设计的主要出发点。

一条S形的中央景观大道成为主要的空间组织元素。大道东侧的现状地坪比周边道路略低，恰恰为人工河道的引入提供了充分的理由，也同时成就了我们一期"水城"的概念。44栋联排别墅以入户步行道为线索有

机地串联散布于河道系统之间。局部放大的水面形成了开放空间视觉中心，并提供了独特的标识性。"水城"内地面道路系统只供人行使用，机动车则可由地下直接到达每户地下车库（每户不少于4个停车位），并且只开口于中央景观大道，区内真正实现"人车分流"。户型设计方正实用，充分依托河道资源，将客厅、餐厅、主卧室等主要功能空间均布置在面水一侧，并在保证良好的采光通风和朝向的条件下，争取获得最大的附加值。空间处理以"院落"和"围合"为核心，保证每户都能享有入户的前院、户内的中院与亲水的后院，端单元更有侧院，增加了空间的丰富性和东方居住空间的体验。

造型简洁大方，体量错落有致，注重整体性，开窗形式多为中性的正方。立面风格以传统灰砖为基调，辅以局部白色抹灰墙面并点缀原色木板和深咖啡色金属构件，十分注重精致的细部节点把控，勾勒出现代而典雅的韵味。

商业会所部分位于中央景观大道西侧水景最好的独立地块上。整组建筑呈五进院落串联，在对位于小区主入口的轴线之上。第一进为"礼仪"性前庭院，可为来访人、车提供简单停留。第二进为由景观水池环绕的400m²的大堂，短期用作售楼大厅，地坪顺地势抬高半

层。屋面采用加拿大进口胶合梁精心设计为端头稍作异化处理的坡屋顶形式。站在西侧半室外檐下平台上，视线直抵水景最深远处。再向上半层进入第三进，为与第五进院落形制相似的过渡性方院，并各以"水"和"树"为主题进行景观布置。序列的高潮出现在第四进的"院中院"。一座甲方买来并按原样复建的徽式老戏楼被我们轴向垂直地"藏"在第四进院子中间。形制为传统建筑的"老房子"比"第五园"中的老房子规模更大，并与第二进院落的胶合梁"新式"坡屋面形成很好的对比与呼应。几进院落虽有中轴但并不对称，总体顺应东高西低的现状地形"生长"而出。正好东侧面向联排别墅一侧主要为覆土和乔木种植，西侧则面向水面，充分开敞。会所地上、地下总建筑面积约为12 000m²，提供餐饮、会议、健身等多种功能，并可容纳近百辆机动车停靠。

立面材料大面积采用灰色洞石火山岩，以块状"花砌"和片状四分之一错缝贴面两种形式完成几乎全部墙面处理，在与联排别墅取得一致色调的同时获得更佳的品质感。

根据原载于《建筑学报》（2010.8）的《水边的灰房子》（周恺，张一）一文改写

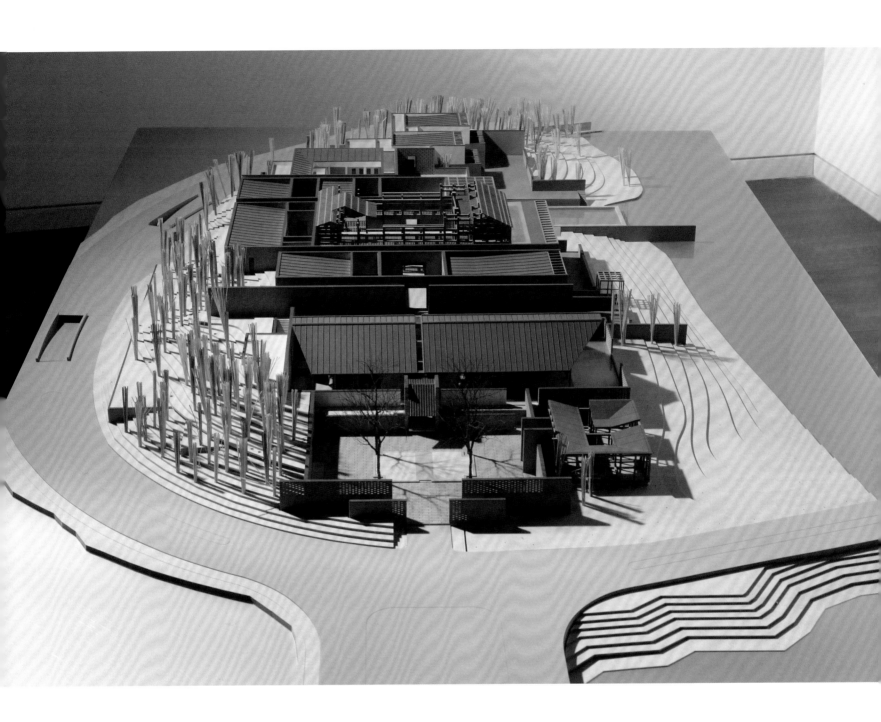

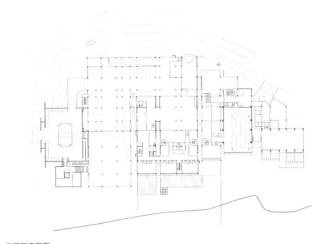

地下层平面图

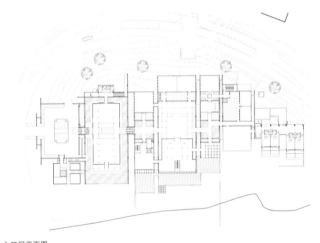

入口层平面图

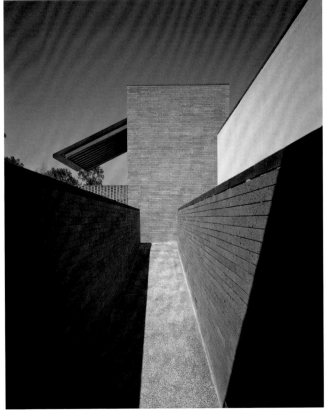

剖面图

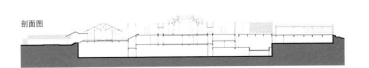

前门大街改造
QIANMEN AVENUE REFORM PROJECT, BEIJING

2006-2009 北京

2006年开始，我们有幸参与了北京前门大街改造工程。该项目是崇文区政府主导的，计划对前门大街进行全面拆改，仅保留小部分做修缮整理。前门大街的规划设计之前已进行多次，这次是由开发企业在原基础上，用类似集群设计的方式，组织多家建筑师一起进行设计。因为在历史保护区，规划对退线、高度、材质、风格等均有严格控制，开发单位对面积及商业模式亦有较多要求。在多重限定条件下，设计尊重规划要求，但力求在此前提下有所创新。

前门大街位于北京城市中轴线上，北起正阳门箭楼，南至珠市口大街。再往南就是著名的"天桥"——天子走过的桥梁。这里是北京中轴线的起点，见证着从市井文化到皇家文化的过渡。曾经作为中国最知名的商业街，各种民族企业层出不穷，一时间是中国商业和建筑近现代转型的代表街区。但伴随着新兴商业场所和购物模式的冲击，以及现代化进程中的城市中心区衰败现象，其昔日的辉煌景象不复。但是这片区域所蕴含的历史文化、保存的城市肌理、遗存的传统街巷形态，

是我们尽力要在设计中保留和体现的。尊重原有城市肌理，还原胡同街巷空间，尊重历史建筑，协调新旧关系，是这个项目秉承的原则。

我们在设计中详备地研究了周边区域的肌理特点，提出以内街的方式来组织体形的方法，形成前后两条街道空间。而内街与前门大街之间则设置了多条街巷空间，用以贯穿内外。街巷空间的交织构成了一组完整的商业步行网络。另外南地块保留了果子胡同中的三棵大树，围绕其组织空间布局，结合景观环境的设计还原传统胡同街巷空间的生机与活力，重塑场所精神。

基地在前门大街东南部，沿街立面长达300m。面对这么长的立面，处理原则是统一中有变化，尊重旧传统，并适当进行转译。首先，沿街体量高度严格控制在3层以下，且采用小尺度的单元立面进行组合。基地中保留的民国建筑属于一般类民用建筑，原有的形象经过了多次修改，但内部的结构具有改造再利用的潜力和优势。因此在对立面的改造上依据真实性原则，对其采取去除立面后加装饰构件的方式还原。而对室内空间则

采取结构加固以及功能上的改造以适应现代商业功能需求。

新建筑在立面宽度、高度、比例、材料、窗户和檐口高度上均与老建筑保持着严格的对位关系，同时结合新材料使新老建筑之间形成自然而连续的过渡。例如，青砖这一材料承载了传统建筑技术的印记，方案在延续传统材料的基础上加入了钢材、玻璃、金属穿孔板等新材料。新旧材料的结合与交织不仅保留了传统建筑原有的历史韵味，也赋予了传统材料以现代感与生命力。新的技术也为建筑带来了很大影响，例如以金属板作为窗框的方形玻璃窗、大量的金属格栅遮阳百叶、首层落地玻璃窗、室内铝合金天花百叶等等，这些材料的加工方式均采用现代化的工业技术预制生产。既再现了传统的风格风貌，也呈现了建筑的时代属性。

根据《当代建筑师系列·周恺》
（中国建筑工业出版社，2013.1）中的文章改写

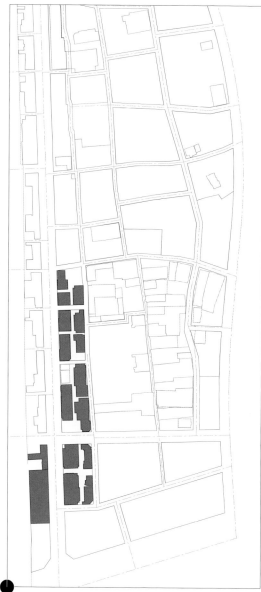

圭园工作室
GUI GARDEN STUDIO, TIANJIN

2007-2008 天津

圭园工作室位于天津津南区八里台工业园区，与相邻厂房彼邻而建。为了屏蔽工厂建筑和运输性交通干道的污染和喧嚣，建筑外立面尽量封闭，少开窗，因此得到了一个约78m×40m的完整的长方形轮廓。建筑四周的高墙上有几处或大或小的洞口，仿佛一位行者，既能敞开心扉与外界对话，又要保持自省。其较高的单层空间与园区内大量的工业建筑尺度相呼应，单纯朴素的外部形象也与周边建筑一脉相承，只有其深沉的暖砖色在周围以灰、白为主色调的工业区中透露出些许不同与生机。

从平面图上看，在建筑的中间部位凸显了一个扭转30°的立方体块，似乎是建筑师为了打破矩形形体的平淡刻意为之，实则不然。因为建筑坐落的基地本身朝向不正，除了建筑的整体要顺应周围的环境朝向外，业主要求他自己的工作室要正南北向，所以才有了现在亦正

亦斜的平面布局。建筑体形略高于周边，在强化主要空间的同时亦带来了空间上和流线上的有趣变化，理想与秩序恰到好处地体现出来。

由于功能大都以小进深的办公空间组成，局部有大型的会议功能，设计要求以多种不同类型的采光方式满足不同进深尺寸的功能用房。因此，依据功能要求挖出9个大小不同的院子，以解决20余间功能用房的采光和通风问题，让每间房子都能看到一个院子。同时，结合不同的景观设置赋予每一个院子不同的空间性格。瘦竹霁雪，老树枯藤，在较为封闭、看似无聊的外壳里产生一种由隐藏而生的意境。它带给建筑的是一种非常独特而奇妙的内在逻辑：一方面，建筑师不希望直抒胸臆，而将"意"隐于市；另一方面，使用者只要用心便可饶有趣味地把玩。

圭园以砖为主要建筑材料，在框架结构的内外均以过火砖砌筑（中间填充砌块及保温材料），且室内外浑然一体。希望直接表现砖天然所具有的维护、承重、保温的性能，而不是表现砖所衍生出来的装饰功能。关于洞口过梁的处理方式最初曾考虑过用钢梁，但出于造价、锈蚀等问题，还是选择了最为常见的钢筋混凝土过梁，且保持原色，不做粉饰。室内为水泥地，白色涂料的天花、玻璃窗、木板门，庭院铺砖，唯一算得上装饰性构件的就是天花板上向下突起的集中空调送风口，一切建筑材料都为营造出自然朴素的感觉，眼之所见都是清晰真实的建筑表达。

根据原载于《时代建筑》（2010.5）的《圭园工作室》（张颀，解琦）一文改写

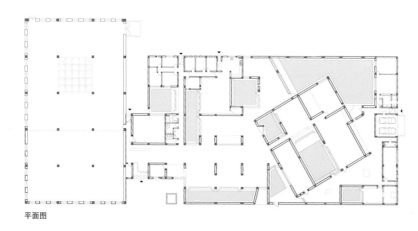

平面图

北京平谷某办公楼
AN OFFICE BUILDING IN PINGGU, BEIJING

2007（方案）北京

建筑选址于北京平谷某个山谷的一侧，周围起伏的山丘连绵不绝，长满了茂密的树林。面对如此优美的自然环境，我们希望将建筑"藏"起来，隐在山体中。因此，设计将建筑嵌入陡坡，使建筑的屋顶与道路齐平，人们从道路的标高感受不到建筑体量的压迫。由于建筑所处山坡的对面种了遍地的桃树，因此我们在屋顶处结合入口空间做了一个简单的挖空的门形构造，将对面山坡上层层叠叠的桃花框成一幅画。

山谷里长满青苔的石板路蜿蜒曲折，于是将建筑形体顺应山体趋势层叠而下布置，镶嵌在山谷一侧，局部屋顶采取退台式绿植屋面。入口处的楼梯可以直达各层，可以让人在不同平台的高度欣赏对面的美景，同时自身也融入美景之中。大大增加了人与环境接触的机会，体现了建筑与环境自然融合、和谐呼应的观点。室内用一系列的台阶和坡道串联起不同标高的功能房间，同时结合院落、采光井将其有机组织。

虽然项目最终因立项问题未能实现，但它体现了我们对场所特质的充分关注以及与空间关系的良好结合。

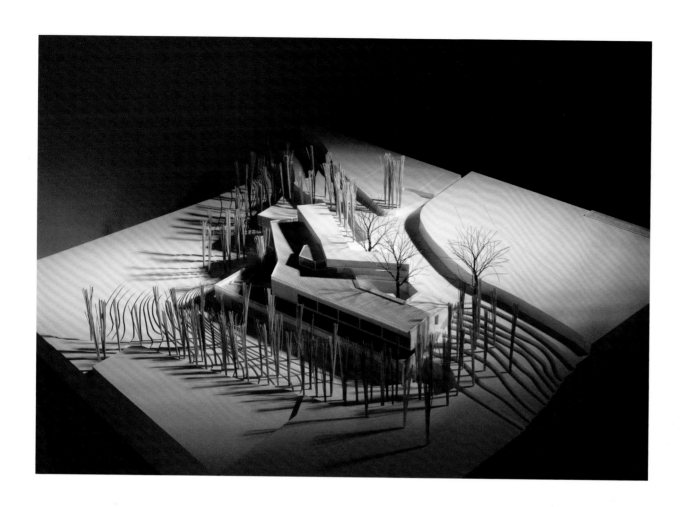

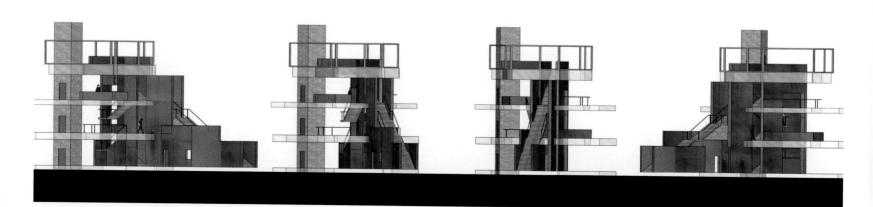

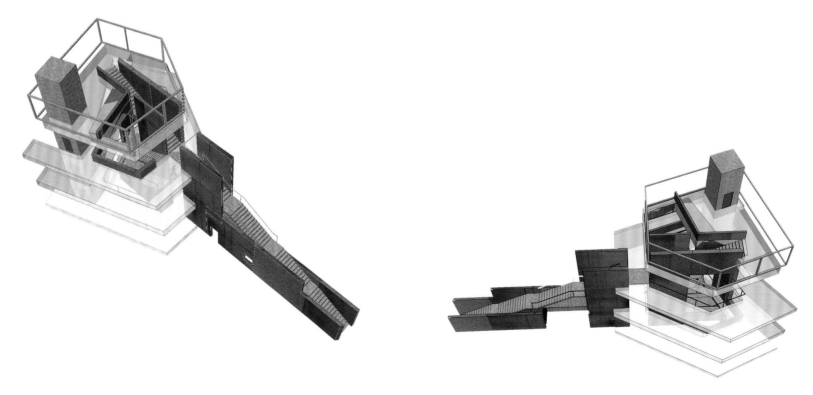

157

北川抗震纪念园——静思园
MEDITATION MEMORIAL PARK OF EARTHQUAKE, BEICHUAN

2009-2011 北川

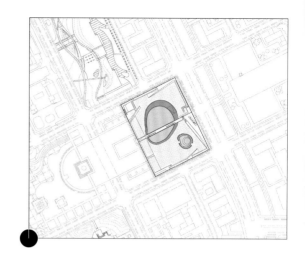

北川县是中国唯一羌族自治县，2008年"五一二"汶川特大地震将其夷为平地，遇难人员逾两万，经济遭受巨大损失。地震使北川老县城变为废墟之地，北川因此成为唯一异地重建县城。

基于这样的背景，以纪念抗震救灾和灾后恢复重建为主题的"北川新城抗震纪念园"项目意义重大。项目选址位于新县城中央景观轴上，主要包括静思园和抗震救灾纪念馆两大部分，占地5.11公顷，其中静思园占地1.6公顷。基地西侧为羌族特色商业街，同时也是纪念园的主要出入口方向，东侧则以羌族民俗博物馆为对景。

在过往的纪念体系中，大多数纪念园的做法是以一个高耸的纪念碑为中心展开，过度追求象征意义，而忽视了作为纪念者自身对生命价值纪念的心理需求。但是这种新近发生的重大的自然灾难性给人带来的痛苦和伤害还历历在目，不该用一个那么醒目的构筑物去提示人们的伤痛。经历过重大创伤的城市和生者更应该获得慰藉，在心理上重塑未来。因此，我们希望将纪念的方式转化为对生命本体的纪念，跳出传统纪念碑式的设计框架，以城市公园的概念为市民提供了一个可以集纪念、休憩、静思、避难于一体的精神场所。力图以更为自然、平和、朴实的设计手法和最少的人工介入，将纪念场所与城市生活融为一体，将纪念融入到每一个北川市民的日常生活之中。

水是生命的起源，也是生命的延续，因此希望以"水"作为设计的起点。设计以两组自然下坠的水滴聚合而成的形态为原型，作为主要空间设计的载体。场地中央的"大水滴"是整个园区的核心纪念空间，围绕水院周边可举办大型的集会和各种纪念仪式；位于场地西北角的"小水滴"形态的半围闭空间可作为小型的缅怀和追思的场所。全园满铺砾石，踩上去"沙沙"的响声，或许有人能回忆起灾后萧瑟的场景，有人能感受到生命的脆弱和微渺。同时，整个场地布满高大茂密的绿植，又展示一种充满感恩与希望的精神诉求与生命寄望。

在纪念的形式上，并不刻意强调灾难本身，而更注重设计本身带来的空间感受，从而引导人们对生命价值的重新思考。例如穿越中央水池的感恩桥，以引导人们先缓缓行至水面下后又逐渐走到水面之上，在行走的过程中，通道侧壁上镌刻的牺牲英雄以及参加救援人员的名字会让人们永远心存感念。而对待灾难本身带来的伤痛，设计则以矮墙限定出一个小小的围合空间用以封藏和纪念。

在做到建筑的细节时，刻意在几片起限定示意的厚重高墙上打开了几条细细的裂缝，如同震后的建筑中开裂的缝隙一般，给人们带来生的希望。当阳光穿过裂缝照射出来，或者当人们透过裂缝看到另一侧的绿植，希望能够引起人们对生机的共鸣。

"重生"，让对生命的赞美超越对死亡的悲泣；

"希望"，让对明天的期盼超越对逝往的追奠；

"感恩"，让对人性的歌颂超越对灾难的举殇！

根据《当代建筑师系列·周恺》（中国建筑工业出版社，2013.1）中的文章改写

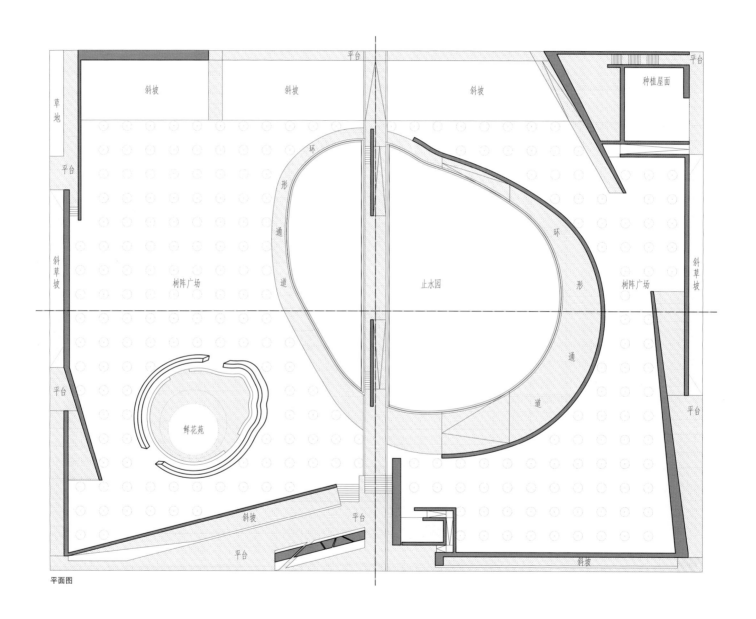

斜坡 斜坡 斜坡 平台

平台 平台

草地 种植屋面

平台

环 形 通 道

斜草坡 环 形 通 道 斜草坡

树阵广场 止水园 树阵广场

平台 平台

鲜花苑

斜坡 平台

平台 斜坡

平面图

剖面图

格萨尔广场暨格萨尔王文化展示馆、城市规划展览馆、档案馆

GESAR SQUARE, INCLUDING GESAR CULTURE MUSEUM,
URBAN-PLANNING EXHIBITION HALL AND ARCHIVES, YUSHU

2010-2013 玉树

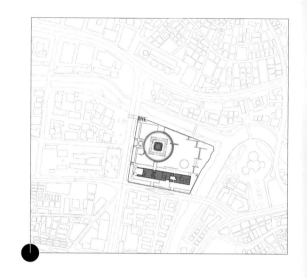

2010年，中国建筑学会在4·14玉树地震重建的繁多工作中，组织邀请了中国最优秀的建筑师团队针对玉树州的十个工程进行重点设计。我们团队接到的任务是，设计位于结古镇中心的格萨尔王文化展示馆、城市规划展览馆、档案馆等建筑，统称格萨尔广场。

格萨尔广场在地震前就已经存在，格萨尔王雕像为中心。广场除去日常的教徒转经、纪念活动及商品交易外，也举办一些大型的集会及宗教活动，是当地最重要的精神与文化中心。同时，这里也是从城市西南方向的神山前往东北方向结古寺的转经道上的重要节点。

格萨尔广场的灾后重建的首要任务是在不改变原方位的前提下，抬高由于震后地面下陷导致低于胜利路标高的格萨尔王雕像，并且增建格萨尔王文化展示馆、玉树州城市规划展览馆、玉树州档案馆，以及一些

商业和附属的功能，总建筑面积8 200m²；同时还有近70 000m²的广场也是设计的重要内容。

青海位于我国西部，是"世界屋脊"青藏高原上的重要省份之一，境内山脉高耸，地形多样，河流纵横，湖泊棋布，极具原始、自然的风貌，世人对青海多有"大美"之誉。玉树平均海拔在4 200m以上，是国内少数未被大规模开发的土地之一，周围有三座"神山"，江水在山之间的缝隙里流下来，结古镇就处于三江交汇之处。大自然与这片土地亿万年的对话造就了玉树拙朴的风貌与苍劲的气魄。在这样的环境下，建筑师希望弱化建筑，使其作为自然的"配角"，尽可能保留这份原始的气质。

同时，为了还原当地藏民的精神寄托，尊重当地的宗教文化活动，格萨尔王文化展示馆的设计借鉴了佛教里象征宁静安详、吉祥如意的曼荼罗——"坛城"，将

雕像按原位置、原角度抬高，在其基座下设置展示馆，使之成为视觉中心与精神"高点"。建筑周围依旧是完整、平缓的转经道，以供"转经"之用。展示馆周围的台阶及广场铺地均以雕像为圆心呈放射状布置，既强调雕像的精神中心的作用，也更有引导性。

广场南侧是一组建筑，包括城市规划展览馆、档案馆、商业及一些附属功能。建筑形式借鉴当地民居的做法，呈一个长210m的条状体量。建筑限高9m，建筑师在此范围内将高度做足，以遮挡南侧的居住区，还广场一种安静的心理感受，使其更适宜来此虔诚转经的人们。建筑的西南角部被打开，形成一个方便转经者进出广场的入口空间，也在视线上形成了一条完整的贯穿神山、雕像与结古寺的视觉通廊，满足了精神需求。建筑内部借鉴藏式"哑巴院"的空间形式，还原了当地建筑

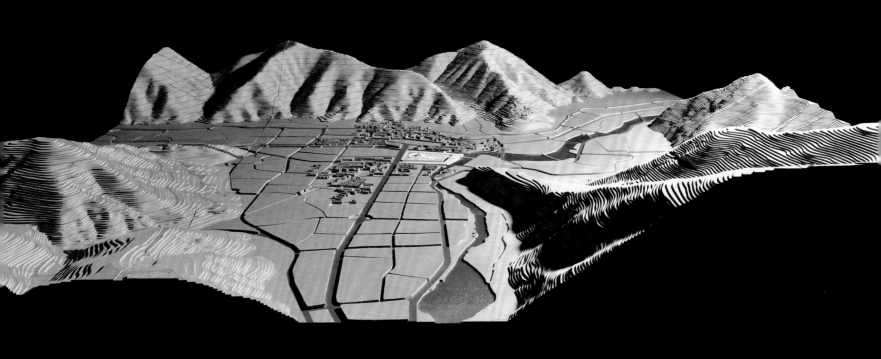

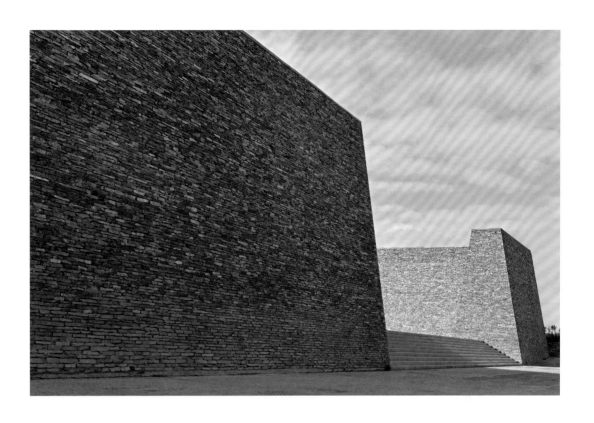

的空间尺度，创造了内向含蓄的建筑意境，同时解决了通风和采光的问题。雕像与广场南侧建筑在整体上呈一点一线的布局，简洁有力，形成大气简拙的"大美"之感。

藏区光线的穿透力极强，常常让人感到震撼，在这组建筑中也很注重对光的利用。在广场南侧的建筑群中，建筑师将主入口压低，在入口门厅上方开设了一条宽60cm、长16m的缝。虽然在进入建筑后，整体的感受是暗的，但是顶部的这条缝将对比极为强烈的天光引入进来，在视觉上形成强烈的明暗对比，带给人一种神圣的心理感受，也起到了路径引导的作用。顺着光线向前走，在门厅的尽端打开细高的门洞，正对的是格萨尔王的雕像。虽然看到的是雕像背面，但整体明亮，视觉效果非常强烈，使建筑从人性的尺度上升到神性的空间。这种对天光的利用在建筑中出现了多次。

由于玉树地区经济技术相对落后，而且格萨尔广场本身是援建项目，所以找到切实可行、经济耐用的建造手段对项目的成败至关重要。建筑采用钢筋混凝土结构，外延材料受到当地民居的启发，选取了附近山上的石头，将其加工成片石，并让当地藏民用他们为自家盖房子的方法将这些片石垒砌起来，这种原生朴素且简单有效的方法，减少了现代化的设计语言，既保证了后期施工和完成效果，又形成了与神山的色调融为一体的自然感受。

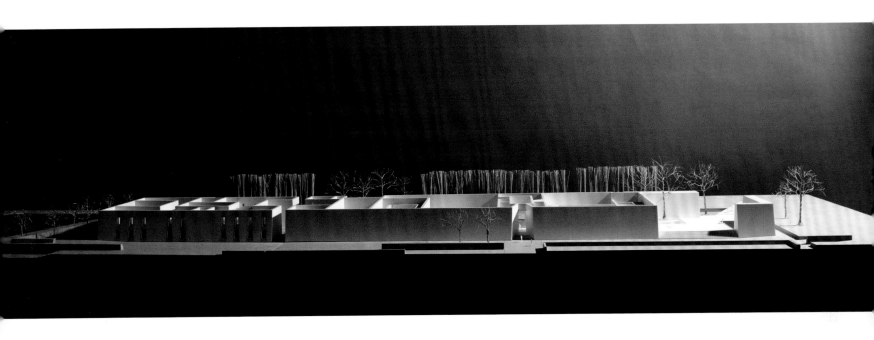

另外，在施工过程中还为一位当地老红军多年栽培的十几株树木退让出空间，也成了设计中的一个小乐趣。

在国家的巨大灾难面前，建筑师面对着这个在特定的地理环境下、具有高度宗教信仰的藏区，怀着强烈的社会责任感和高度的职业兴奋感深入研究。在设计过程中，建筑师对当地文化与自然环境心存敬畏，希望不留下刻意的人工痕迹，并且将自然条件与当地文化自发形成的内在逻辑保存下来，创造与自然环境、地域文化、建造方式相融的、只属于这里的建筑。一圆一方、一点一线、原始的图形、当地的材料、微倾的墙体也传递了建筑师对这片场地特有文化、特殊功能的思考与回答。

根据原载于《建筑学报》（2015.7）的《以相融的方式建造——玉树格萨尔广场设计解析》（周恺，吕俊杰）一文改写

剖面图

天津武清文博馆
WUQING CULTURAL MUSEUM, TIANJIN

2010-2014 天津

2012年初，应天津武清区政府邀请，我们着手设计武清区博物馆、图书馆、剧院。在委托方的任务书里，3个公共建筑并列布置在10余万m²的文化广场上，其中一个建筑须位于广场中轴线上，建筑高大、严肃，功能单一，面积远超真正的使用需求。

设计之初，我们和委托方就博物馆未来的展览内容、图书馆的藏书规模、区内现有的文化文艺设施、目前的演出市场情况、文化广场现有的使用情况等进行了多次的讨论。之后，我们拟出了新的设计任务书，希望将文化广场的一半留给绿化，另一半场地里则让出中轴线，将3个建筑分为两组，博物馆和图书馆为一组，称为文博馆，剧院功能更加丰富，称为影剧院，两组建筑分置轴线两侧。考虑到城市形象的丰富性，我们特别邀请到建筑师齐欣，希望由其承担影剧院设计。

新的文博馆设计任务书中，图书馆和博物馆各自独立又相互连通，原本各自设置的400人报告厅合为一处，位于两馆之间，并且可以独立进出、独立管理；首层沿广场一侧增加商业功能，同时将服务于广场及周边的公厕及派出所功能纳入；图书馆的藏书及阅览空间设置为单元式，兼容培训厅的使用可能；博物馆特别增

加了序厅和临时展厅的面积比例，通过多种展览的类型来提高展馆的使用率，同时顶层设置为可以观览整个文化广场及周边的观光厅；增加地下面积作为车库预留。

在文博馆的设计中，建筑师一直保持着"宁拙毋巧，宁丑毋美"的淳朴态度，其形态简单到大盒子摞小盒子，虽然有着尽量淡化建筑形象的态度，却很轻松地为文博馆营造了足够的标识性。设计选择金属铝板和玻璃作为不同盒子的材质，建筑主体的二层和三层由穿孔铝板整体围合，柔和地强化了整体感和体量感，加上首层的架空设计，建筑的轻盈感自然而生。铝板的穿孔方式通过计算机辅助生成流水的肌理，最终效果若隐若现，恰到好处。

文博馆是一个便于人从任何方向进入的建筑。图书馆的首层除了沿广场一侧布置的商业之外，大部分面积是架空的，人们可以从广场散步到建筑的庭院中来；广场舞大妈们不仅有了可以买东西的商店，有了免费的厕所，还有了可以遮阳躲雨的地方。如果你是从路上走来的参观者，花岗岩景观石和蜿蜒的一池清水会带你进入另一片天地，阳光照在灵动自由的玻璃墙面上，接着又映在水面上，近处远处的树影、人影、孩子的欢笑，还有

偶尔飘来的咖啡香气，你会忽然感觉这个房子好像和自己发生了某种联系，会希望下次可以约朋友一起来坐坐。

武清文博馆从设计到完成都具有一定的示范性。第一，设计师与委托方之间相互信任，使共同编制设计任务书成为可能，为此，避免了建筑功能的重复设置和城市空间的浪费。而这种可能性其实是始于建筑师的价值观取向。第二，建筑师甘愿把时间花在对于设计任务书的梳理上，而不是简单地只关注设计本身。第三，选择把广场留给公园、让出中轴线、让建筑成为配角；选择自律地维护城市空间的秩序和融合；选择友好地容纳城市服务性功能、积极地腾出地面空间开放给市民。

自从2008年第一届中国建筑传媒奖以来，人们开始了解和关注到"公民建筑"这个概念，公民建筑的提出是对建筑社会价值的关注，是对建筑创作中的人文关怀的倡导。建筑不只是提供某种用途的房子，建筑是融合城市功能的空间，是能使人产生美好情感的场所。建筑师只有细心了解建筑的需要、城市的需要、人们的需要，才能更大程度上实现建筑的价值。

根据原载于《建筑学报》（2015.5）的《城市需要公民建筑——天津武清文博馆设计解析》（李楠）一文改写

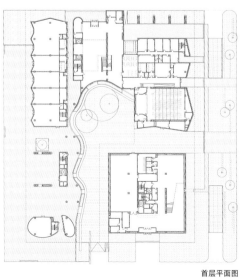

首层平面图

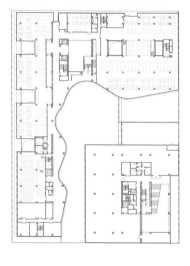

二层平面图

天津大学新校区展示办公建筑
NEW CAMPUS SHOWCASES OFFICE BUILDING OF TIANJIN UNIVERSITY, TIANJIN

2010（方案）天津

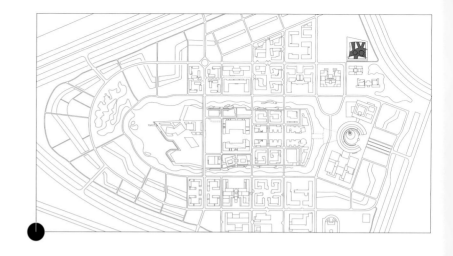

随着我国城市化的大力发展，我们的城市也在不断地向外扩张。由于大量开发，土地价值的不断增大，原有城市中的大学用地难以在原址进行扩张。可大学的不断扩招，很多大学采取外迁的方式在城市郊区选址建设新校区。天津大学几经拖延，最终于2011年决定在天津津南区北洋教育园建设新校区。

新校区启动伊始，校方决定先在校区做一栋建筑，用于临时办公及展览新校区规划设计成果。待新校区建设完成后，再改造为校史展览馆。由于校区新址比较空旷，校方希望该建筑能拥有服务于自身的内院，便于近期使用和管理。这正好吻合了我们对该项目的构想，同时也适合将来改做校史馆的功能。

由于基地未来周边用地环境并不完全确定，营造建筑自身内部的景观环境成为本方案的主要设计策略。为此方案首先利用一个均质的方形院落限定出建筑的空间场所，方形在空间上不仅是一种稳定的形态，均质的立面也消解了环境对立面的影响。方形院落内部采用树叉式空间填充平面：主体枝干部分由展示区和报告厅构成，沿主体结构呈发散状向外生长的枝状体量为办公空间，树杈结构之外的空间则为一系列的庭院空间。主体结构与枝状体量之间由一系列带有弧度的墙体连接，自由流畅的外墙形式不仅将功能尺度各异的空间形态有机地联系为一个整体，也创造了丰富多变的室内外空间，同时利用对景和框景等方式营造了步移景异

的传统园林式空间体验。

另外，为能缩短建设周期并尽量节约造价，建筑主体结构采用框架填充保温砌块，内外墙体则采用清水砌筑当地的过火砖，既节约造价又施工方便。砖语言的运用还与天大老校区建筑产生一种语汇上的关联，而构造上的创新又让建筑本身区别于传统建筑形成自己的独特语言。然而，方案完成后，虽然得到了校方的认可，但由于资金的问题，这个项目最终未能得以实现。

根据《当代建筑师系列·周恺》
（中国建筑工业出版社，2013.1）中的文章改写

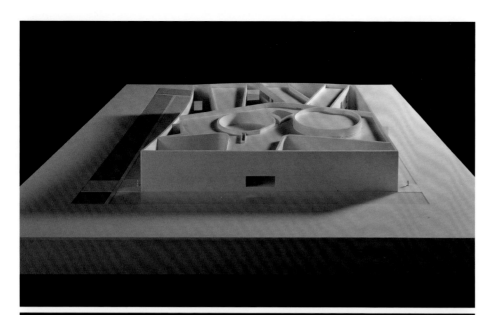

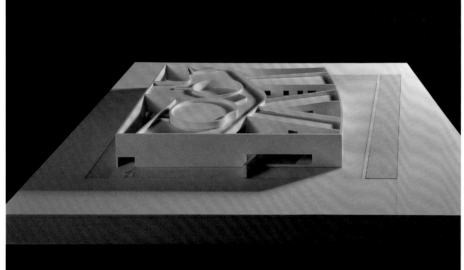

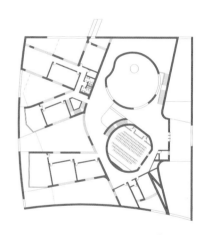

首层平面图

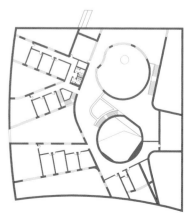

二层平面图

天津大学新校区图书馆

LIBRARY ON THE NEW CAMPUS OF TIANJIN UNIVERSITY, TIANJIN

2011-2015 天津

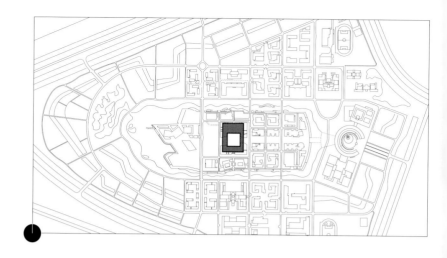

天津大学的前身是北洋大学，始建于1895年，是中国第一所现代大学，也是国家重点大学之一。随着学校的不断发展，位于南开区卫津路的校园逐渐饱和，办学空间不足，2010年3月天津市与教育部签订共建协议，启动天津大学新校区的建设。

新校区被称为"北洋园"，选址于天津市中心城区和滨海新区核心区之间的海河教育园内，一期建设的建筑面积约80万 m^2。华汇设计团队主要负责图书馆、信息网络中心、第一教学楼、第三食堂等项目。

学生是校园的活动主体，在新校区最初的建设启动会议上，校领导就与诸多规划师、建筑师达成了"以学生为本"的设计理念，并以此作为校园规划和建筑设计的基本原则。

在规划方面，校园由东西向的主轴贯穿，中间是核心岛，岛周边引入环形运河景观园廊，岛内外均布置教学及生活区，为学生的学习、生活提供了便捷的步行路径。

就建筑单体而言，图书馆位于核心岛的中心，其地位在校园内可谓重中之重。起初，校方希望在此处建一座较高的标志性建筑，作为各个方向的视觉焦点，但在方案推进的过程中，经过反复推敲，明确这个思路并不符合"以学生为本"的初衷，而舒适的阅读环境、便捷的交通路径、高效的阅读体验才是关键。因此改变设计方向，希望建造一个平和、自然、安静、利于交流和使用的建筑。

建筑与自然环境结合

设计首先抛弃校园图书馆常见的那种标志性的高大形式，压低建筑高度，延展建筑平面，建筑地上四层，地下一层，东西长158.4m，南北长117.6m。再在尺度较大的平面里挖出一个72m见方的庭院作为阅读广场。庭院里种满了树，有梧桐、海棠、枸树等，树下是可以阅览和交流的休闲空间。庭院内还引入了起伏的草坡和几块水池。水池其实是将内院地面略微下挖形成浅浅的弧形，统一红砖铺地，冬季天津寒冷，为避免结冰，可以将池水排空，露出缓坡地面，供人自由行走。图书馆东、西两侧中部的底层用异形曲面架空，形成通往庭院的出入口，人们可以在其中穿行。庭院不仅仅是图书馆的庭院，更像是整个校园的公园。穿过门洞进入这片环境，再进入图书馆，氛围经过环境的过渡变得静谧，人也沉静下来。

图书馆的空间模式由此变得特殊，不再是传统的高大、庄重的形象，而是通过中心"庭院"弱化建筑体量，更加平实近人，让学生感觉读书不再是一件紧张、严肃的事情，而是很轻松、很享受的。或许有的同学仅是散步至此，因被书院氛围感染而坐在树下随手翻阅一本书；又或许是三两同学相约至此，在交流中得到心灵的满足。目前移植来的这些树还比较矮小，期待十年之后，当这些树长大了，建筑被互相交织的繁茂枝叶遮挡、消隐，会更有绿林深处好读书的情致。

建筑内部也布置了一些小庭院，并且将天光引入，是休息或交流的好去处，让人在建筑内部也能够感受到绿色植物带来的勃勃生机。

布局与校区规划呼应

由于校园主入口与中轴线呈一定的夹角，在轴线的起点需要有转折，所以在规划时，希望借助一个圆形的空间削弱角度的变化。最终，这个项目由崔愷院士设计为圆环形的主楼，中间是广场，广场中心是轴线转折点。

图书馆是中轴线后半段的重要节点。从规划的角度上，希望它与起点处的圆环主楼有所呼应，因此加入了一个方形的庭院空间，用"围合"的空间形态来强化轴线两端的节点。图书馆东、西两侧的架空出入口可以使轴线贯穿，西口较东口向南侧加宽，形成偏心拱，这是由于在原本校园中轴的基础上，增加了一条斜轴：中轴线继续向后延伸至大学生活动中心和自然（湿地）公园，斜轴通往西南方向的音乐厅（待建）。

与老校区的关系

在规划上，老校区以东西向主轴为中心，图书馆在中轴以北，坐北朝南；新校区图书馆也是位于校园东西主轴上，单体轴线却是南北向的，从两侧架空的出入口进入庭院，建筑的主入口在庭院北侧中间，与老校区图书馆布局一致。

从单体建筑来看，新校区图书馆主入口是一个相对拙朴的门楼，与主体建筑轻盈的材质形成对比，但却与老校区传统的建筑形态呼应。图书馆内部也运用了大台阶，将两组楼梯分置入口两侧，可以说是对老图书馆内居中布置的一宽两窄、向两侧分折的大台阶的传承。立面上的横向长窗及分隔，也是对老图书馆后加建部分的立面窗户的呼应。同时，在庭院的铺地、入口门楼、内部大厅的部分地面和墙面上，使用了与老校区建筑颜色相近的砖，庭院内也种植了已成为天大文化标志的海棠树。当然，庭院作为阅读、休闲的广场所形成的开放的氛围，已不再是过去那种封闭的状态，这是与老校区不同的地方。

功能向新型图书馆转换

我们对于当代图书馆的理解，不再仅仅局限于借书、阅览、书库等，它的功能应该更为复合、多元。"北洋园"作为天津大学未来的主校区，它的图书馆应该成为学校信息资源的保障中心、专业知识的交流中心、科技创新的体验中心以及国际文化的交流平台，这些使用方式的进步给图书馆的设计带来了极大变化。

最大的变化在于弱化了原本作为图书馆设计中的重头戏——闭架书库，绝大部分的纸质媒介采用藏阅一体的开架阅览方式，学生可以最大化、最高效的获取自己需要的书籍文献等。作为服务系统的信息资源展示空间和交流休息区合理分布在各个楼层。建筑内部实现网络覆盖，让读者在任何空间都可以连接网络，保障信息与空间的互联互通。

建筑的四个方向都是开放的，从东、西方向可以进入院落，南、北方向的内外两侧均有建筑出入口，利于来自各个方向的学生顺利进入。压低到四层的建筑高度，除了可以缩短工期、降低造价，更重要的是还能够方便上下行走，尤其在使用高峰期，同学们可以不必借助电梯就很容易地到达各个楼层。挖空的内部庭院，延展了建筑的表面，为内部阅览空间提供了最大化的临窗位置。

另外，建筑底层还布置了公共集会空间、打印室、对外开放的书店、咖啡吧和可以24小时使用的自习教室等，满足了学生们的不同需要。同时，庭院空间不仅是舒适的室外阅读休憩场所，也可举办各种典礼仪式和文化活动。

相对轻松的建筑语言

天津大学新校区的整体建设以红砖建筑为主，作为中轴起始点的圆形主楼也是红砖实体开洞，比较厚重。而轴线的底景希望比较"年轻"，像是从过去走到现代。

图书馆的建筑表皮由打孔铝板和玻璃组成，提供足够的自然光线，空间通透，内部明快。内院表皮采用竖向遮阳片，形成类似书架的感觉。窗扇的间距也经过设计，保证每个阅览桌旁的玻璃面完整，没有窗框遮挡视野。窗扇大都可以内倒开启，既可以与庭院组织自然通风，也不占用室内空间，体现了绿色建筑的理念。

虽然图书馆外观比较平直，但这种轻盈的材质与周边的建筑产生很大的反差。尤其，当夜晚灯光亮起来之后，它像一个透明晶莹的盒子，吸引人们来到此处，成为全校最活跃的中心。

建筑内部采用木纹铝板和红砖作为主要的饰面材料，在保证防水耐火的同时，希望这些带着温暖质感的材料可以营造一个安静、令人放松的阅读氛围。但是在施工过程中由于经费原因，红砖改成了面砖，造成了一些不尽如人意的地方。

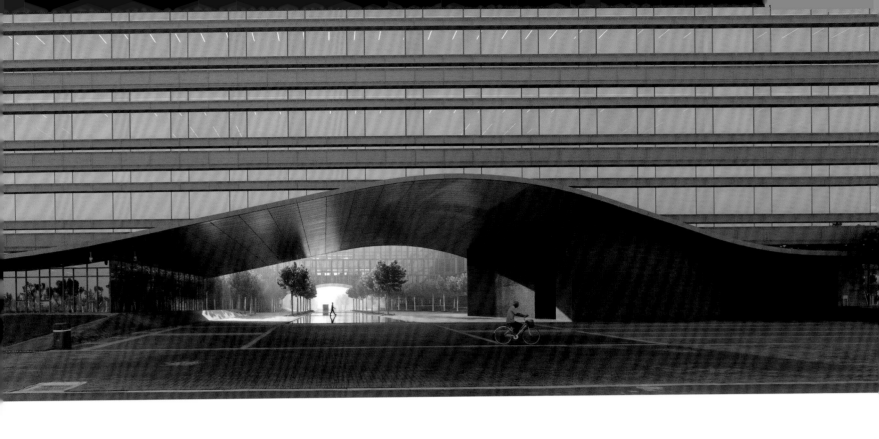

结语

　　新校区的图书馆具有自己的特点，它并非外向型、形式化的建筑，而是一个内向型、安静的空间，可以让人不知不觉就走到建筑内部并且停留下来。但从使用方面来看，它又是整个新校区里公共性最强、最开放、最透明的建筑，为学生提供交流、学习、交友的空间和场所。但是，这个项目也还存在着很多不如意之处。希望在经历过时间洗炼的多年之后，这栋建筑能够更加与自然相融、朴实沉静、平易近人，同学们能够把这里当作学生之家，到那时，建筑才更有味道。

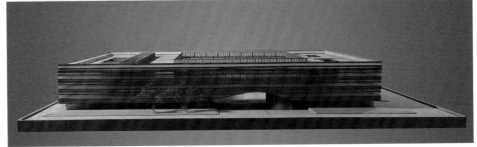

根据原载于《建筑学报》（2016.10）的《"以学生为本"的新型图书馆——天津大学新校区图书馆》（周恺，吕俊杰）一文改写

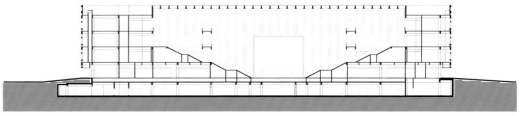

剖面图

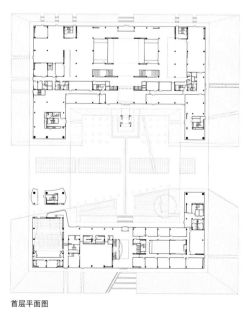

首层平面图

二层平面图

厦门海峡收藏品交易中心
XIAMEN STRAIT COLLECTIBLES TRADING CENTER, XIAMEN

2014 - 厦门

本项目坐落于厦门高崎机场T3航站楼西南侧，是海峡收藏品交易中心总体设计中的一个地块，主要功能为艺术品展示、交易和内部办公。

项目用地原本比较规则且充足，但其西北侧有一处油罐区，因防爆要求，80m的保护半径控制线内不允许设置建筑物，保护半径控制线画出来后，发现有接近一半的用地不能使用，仅可作为室外景观处理，最终得到的建筑可用地范围极不规则，在建筑40m限高要求下，用地显得尤为紧张。

在尽可能充分利用基地的原则下，我们结合功能将建筑设置为两个条形体量，其中一个体量巧妙地遵守并运用了圆弧状的油罐保护控制线，平面呈弧形展开，另一体量平面为规则的矩形，在其顶部立面方向设置了弧形的薄板。两个体量由聚拢逐渐延展分开，平面和立面方向上的两条弧线形成"双燕革飞"的造型关系，以呼应闽南古厝屋顶独特的曲线造型。由此可见，限定未必是限制，在限定中创作，也常常带来别样的惊喜。

该项目1～3层为展示空间，4层为收藏品交易厅，5、6层为内部办公。在两个体量的交接处设置了4层通高的中庭空间，每层轮廓均不一样，不规则的中庭空间呼应着建筑的外部造型，丰富了内部空间。面向公园一侧，两个体量逐渐分开，形成了一个小型精致的闽南风格的院落，闽南红砖铺地、雅致的竹林与清水混凝土的现代建筑风格交相辉映。

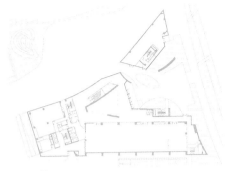

首层平面图

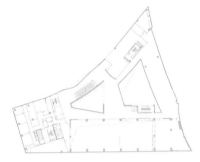

二层平面图

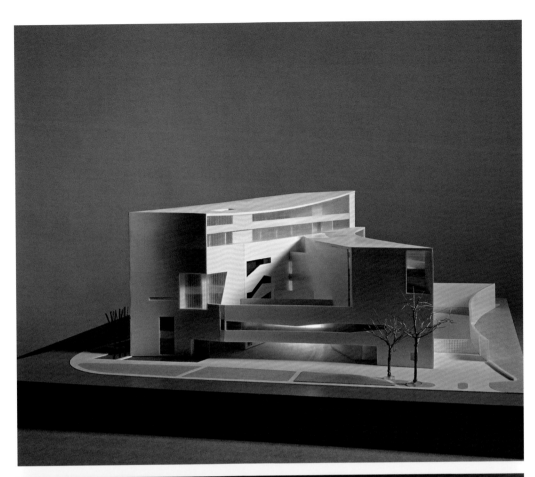

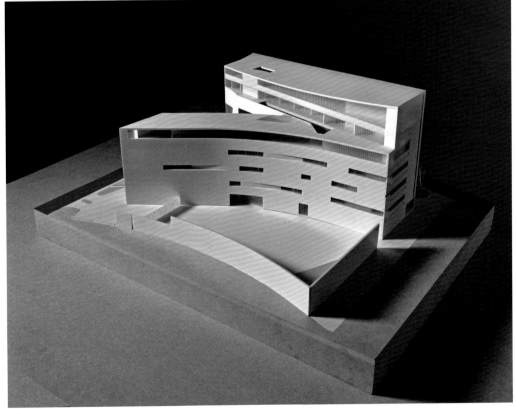

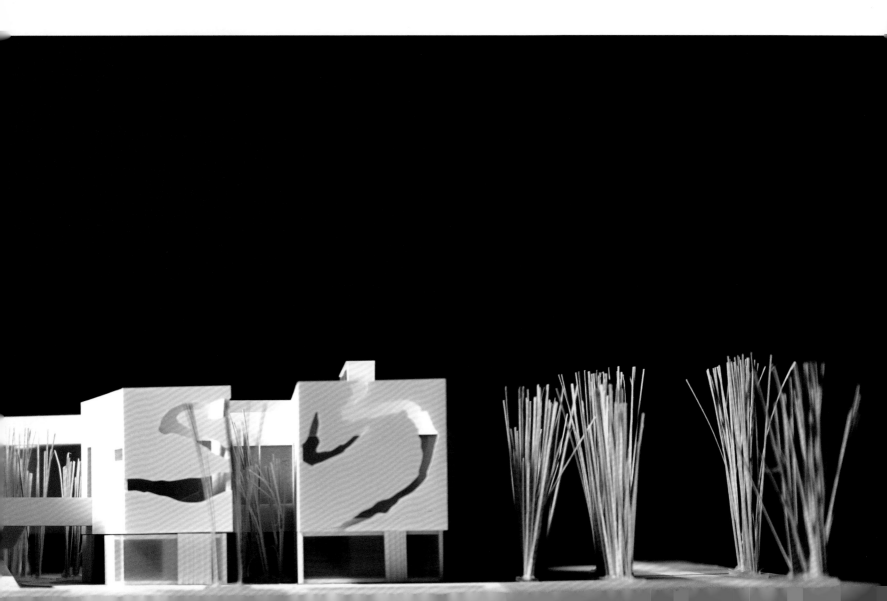

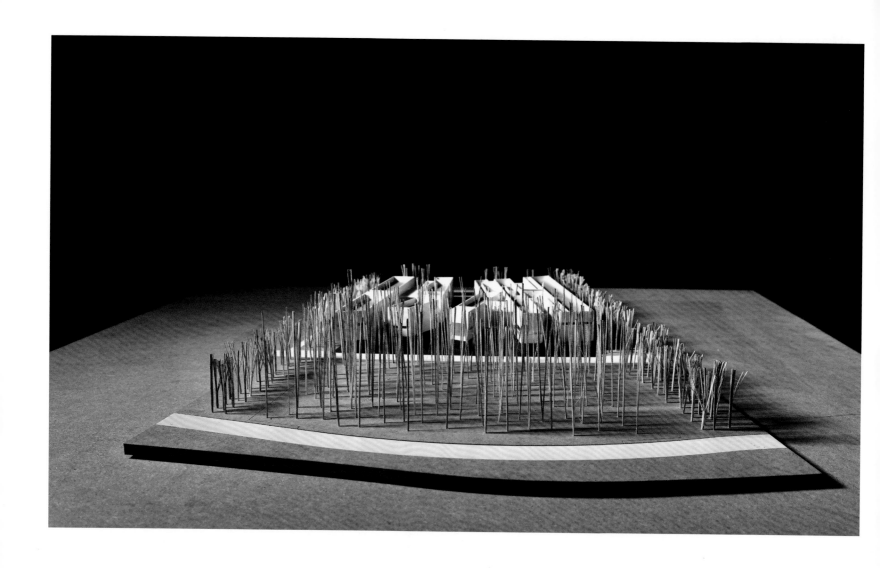

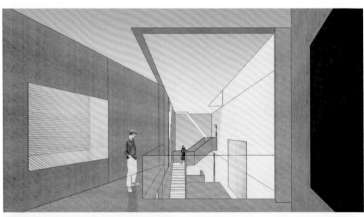

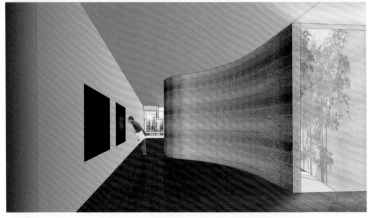

本项目为集群设计，位于福建省厦门市集美区杏林湾片区西部，集美区南北商务区的中间位置，与厦门园博园诸岛隔水相望，西边主要为居住区。项目用地为城市道路与滨海公园间的过渡带，各地块被竹林分割，形成内向型的园林空间。07地块位于整个项目用地的中间部分，面对公园广场及绿道钢桥，总用地面积3 893.78m²。

厦门是一个典型的闽南城市，具有强烈的地域风格。这组集群设计项目的初衷也是借助杰出建筑师及其作品的影响力，打造厦门新名片，传承地域文化特色。因此，设计立足于整体项目的定位，以文化传承为前提，结合地域建筑特色，在此基础上从基地条件出发，让建筑充分融入环境，与周边地块有机结合，再现亲切的街巷空间尺度。

建筑由五个长条形体块组成，并利用条状空间形成流动性优势。建筑立面采用简洁大方的清水混凝土做法，材质与结构体系整体考虑，立面语言清晰、流畅。建筑西南侧立面从河流、书法等自然、感性的元素中提取线条，形成以遮挡目的为主的镂空墙面；东北侧立面则借助理性的线条，形成向海面打开的几何形"取景框"，强调开放性，体现了现代美学手法。

基地周边覆以竹林，基地内的绿化也以竹林为主，同时，建筑内部处处结合景观、绿植，并借助多个小庭院将绿色景观引入室内，打造出"竹中园"的整体效果。

然而，方案初步设计及报规完成后，由于用地更换等原因，这个项目暂时停滞，至今未能得以实现。

天津泰达格调松间书院
GEDIAOSONGJIAN ACADEMY OF TEDA, TIANJIN

2015-2016　天津

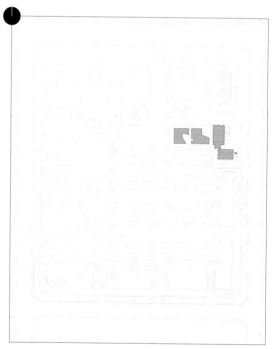

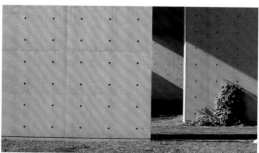

化整为零——做"加法"的建筑手法

居民之家位于"格调·松间"居住小区的东侧偏南，东临规划道路，南侧是低层洋房，北侧是高层住宅。选址于此，是希望这里既是居民的公共活动中心，也是整个小区的步行主入口。

基地面积也比较大，而所需建筑的面积较小，因此可以得到一个相对宽松的布局。建筑师决定在此将项目体量"化整为零"，将建筑处理成四组虚实结合的坡屋顶的体块，分散布置在基地中，并根据其不同的功能及关系，结合庭院绿化和空间氛围，用"加法"的方式，将其组织起来。建筑间根据功能、流线等空间逻辑关系进行有序组织，每栋建筑均有单独的出入口，同时通过连廊等相互连接，方便统一使用及管理。这样不仅将建筑的尺度减小，更将景观融于其间。

东方意境——亲近宜人的心理感受

在建筑之间，布置了竹木、草坡和水池等绿化，高低错落，层次清晰，营造出与自然亲密接触的空间体验。建筑与环境之间也不是常见的刻意分隔，而是用更有设计感的彼此融合的方式。

例如，在第一组看似建筑的双坡屋顶下，实则是植物、小路和水面。走入其中仰望，会发现屋顶有近一半的区域是挖空的，阳光、云影、雨滴、雪花，皆可以倾

泻而下。这里没有实际的使用功能，建筑的内容是"自然"，人们可以时时感受四季变化。

除了院落空间中的丰富景观，建筑师还将自然元素引入室内。在玻璃幕墙的外墙边缘设置灰空间，室外植物延续至屋檐下；在屋架侧墙种植爬山虎，不出几年，这种生命力旺盛且枝叶繁茂的植物便会爬满整个屋架，甚至攀满整座建筑，建筑仿佛会多一层随四时变化颜色的外皮；在建筑屋顶局部挖空引入天光，并在挖空处的下方做内庭院……这些做法模糊了人们对于建筑内外的空间界限和心理感受，也给建筑自身注入了自然的生命力。最终得到一个亲切宜人的环境，体现了以居民为本的理念。

建筑艺术——轻薄简洁的材料表现

在建造方面，居民之家建筑采用了形式纯净、气质冷峻的清水混凝土作为主要的建筑语汇。

首先，追求轻盈的体量。建筑的立面和屋顶在形式上连为一体，从山墙面看是一个个完整的几何形框，这就要求立面与屋顶的厚度统一。在经过一系列精准的测算之后，最终得到了300mm的最小厚度。大多数建筑的跨度为24m，均在建筑内部增补了结构柱。屋架部分本想全部贯通，但为了安全起见，最终还是在屋顶下方补了三片剪力墙柱。但是为了呼应屋架镂空等一系列营造空灵感受的做法，建筑师将三片墙横竖交错分离

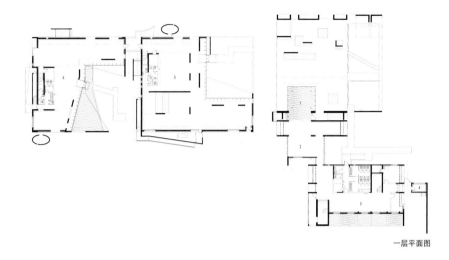

一层平面图

布置，并在植物的遮挡下时隐时现，消融于景观之中。

其次，追求建筑的动势。四组小建筑都是与立面一体相连的坡屋顶，并通过相互间的屋顶角度变化形成动势。在景观中，建筑师用一条斜向的小路将矩形的水池一分为二，并在池边设置了一组建筑小品——两片薄墙由地面垂直向上升起，在4.8m高处的顶端向下翻折115°，呈水平偏向下的趋势，再在水平2.5m处向上折转58°伸出2.9m。悬挑5.4m长的钢筋混凝土板对于一片竖向薄墙来说非常困难，更何况悬挑的部分还有反向的翻折。经过测算后，最终在两片竖墙相邻的一侧分别加了宽度仅为1m的支撑。这样的形式仿佛矗立于此的并不是建筑墙体，而是两条随风飘逸的丝带，极具动感。这一系列因角度变化而产生的建筑动势，使得由清水混凝土形成的雅致朴素、氛围统一的建筑多了许多充满变化的趣味。

清水混凝土搭配大面积玻璃幕墙及玻璃砖，外观简洁规整，在竹林、水面的映衬下，整个居民之家格外清雅幽静。建筑内部则在清水混凝土之外，辅以颜色质地柔和的木质装饰，两种材质一硬一软，一刚一柔，协调地组织在一起，为居民创造出极具当代艺术感的视觉效果。

根据《当代公共艺术的中国论谈》
（天津人民美术出版社，2019.1）中的《公共艺术走进生活——泰达格调·松间居民之家》（吕俊杰，周恺）一文改写

承德博物馆
CHENGDE MUSEUM, CHENGDE

2008-2019 承德

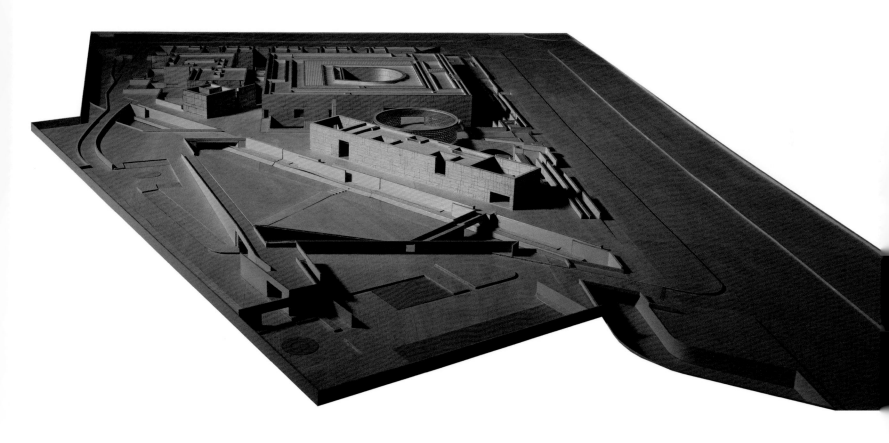

说起承德,最先让人想到的是已被列为世界文化遗产的清朝皇家行宫"避暑山庄"和融合蒙、藏、维等多民族建筑艺术特征的寺庙群"外八庙",它们赋予了这个城市一个特殊且宏大的历史场景。京、蒙、辽交接的地理位置赋予了承德丰富的地貌,因山就水、融合南北造园艺术精华的景观配置,使避暑山庄享有"中国古典园林的最高范例"的盛誉。在这样一个具有特殊历史背景和环境特色的场所内建设博物馆,是一个非常宝贵也充满挑战的机会。

博物馆的选址处于避暑山庄与外八庙的环抱之中——北临普宁寺,南靠避暑山庄,西望须弥福寿之庙及普陀宗乘之庙,东眺磬锤峰与安远庙。这一地块属于三级文物保护区,建设条件非常严苛,在一般规划部门的管控之外,还受国家文物局、河北省文物局等文物保护单位的制约,其中对建筑影响最大的制约条件为限高7m。

"藏"起来的建筑——观景平台

在庞大的文化背景下,首先明确的就是对历史与自然的尊重,希望以一种谦逊的态度,让建筑成为配景,甚至"藏"在环境中。

首先,对建设场所进行调整与组织。将基地整体下挖6m,形成一个如同地面的下沉庭院,消除了常规地下空间的封闭感受,为建筑提供了更好的采光及通风条件。在下沉庭院边缘,受当地古建筑错落的台基形式的启发,也结合地势做了层层跌落的台地,再用多组宽窄不一的坡道、台阶,通过折返转向将它们联系起来,正呼应了张玉书在《扈从赐游记》所写的,"……顺其自然,行所无事,因地之势,度土之宜……"。在梯段和坡段间,布置高低变化的清水混凝土片墙,让人在"拾级而下"的过程中,如同考古一般,不断发现、感受庭院空间和景致的变化。

建筑从新的"地面"向上布置两层,这样高出地面的部分可以控制在7m以内,仿佛"藏"在环境中一样。结合"藏起来"的体量及其周边景观的独特性,将屋顶设计成城市的观景平台,再通过对观览路线的设计,将人们引向以往容易被忽略的屋顶空间,远眺周边的古迹。

借景——延续的环境

建筑师对设计的关注点不再局限于场地自身，而是将与周边环境之间的对景关系纳入考量范围，进行更全面的视觉设计。

首先是入口空间序列的组织。以场地的人行主入口与磬锤峰之间的视觉通廊为景观中轴线。人们步行进入场地后，沿此轴拾级而上，升高1.2m后再向前到达圆形广场。广场用锈钢板焊搭的透空景观墙围合，在迎向主入口人流的一侧开低矮宽阔的洞口，呈欢迎姿态，但也遮挡了眺望远处景观的视线。当走进广场后，景观墙另一侧收窄升高的洞口，才如取景框一般，将人的视

觉焦点引向远处的磬锤峰，让人豁然开朗。广场后方轴线两侧分置附属服务建筑和与之等高的景观墙，更强化了取景框的效果。用欲扬先抑的手法和中国古典园林美学中的"借景"理念，形成丰富的视觉层次和空间序列。

北侧地面停车场则结合基地中的排洪沟共同设计，将原本呈断崖式的河床北侧削切，提高了泄洪能力的同时，更形成一个景观缓坡。结合缓坡布置了几条观景步道，在行走的高低起伏间，避暑山庄、外八庙、磬锤峰等景观又被"借"了进来。

考古意趣——园林化布局

根据不同的功能属性和动静分区，将建筑化整为零，以组群的形式削弱原本庞大的体量。这样既满足限高要求，也为建筑带来丰富的庭院景观，实现了将建筑融入环境的想法。

庭院整体延续了避暑山庄的园林意境。铺地参考了避暑山庄的做法，以大方砖为主，过渡空间辅以条石，或对缝或错缝铺砌，为庭院定下了传统风格的基调。景观配置以油松为主，用局部点缀一两棵的方式，形成各个区域的视觉焦点；部分紧邻建筑的区域设置镜面水，并配以竹丛，安静雅致。在场地入口左侧的下

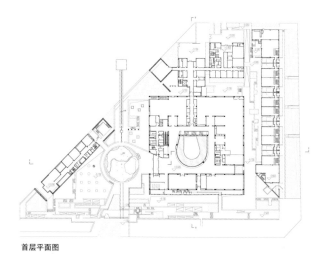

首层平面图

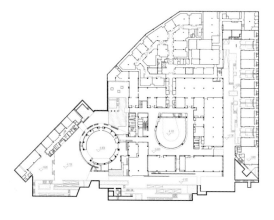

地下一层平面图

沉庭院中，10棵油松的树穴也借用了避暑山庄内常见的八角形轮廓。下沉庭院也使得原本地面的交通路径变成了架在空中的桥，形成了丰富的立体空间效果。园林化的布局，为游客和工作人员提供了舒适的驻足空间和行走体验。

小中见大，咫尺山林——展馆内庭院

因紧邻蒙辽，承德拥有丰富的地貌——草原和森林，而从"马背上的民族"发展而来的清朝统治者，历年都会在承德北部的木兰草原骑马狩猎。因此建筑师选择"马蹄"这一极具历史和地域特色的元素转译至庭院，并在其中点缀了两棵代表森林和山庄特色的油松，古意悠然。甚至让人感到庭院本身也是展品——以"小中见大，咫尺山林"的姿态展示承德的历史文脉与意境。

庭院并非上下等宽，在一层地面的高度，沿马蹄形的弧边从室内延伸出一圈宽度不等的挑廊，半覆盖在庭院上方，从而形成另一个较小且转向的马蹄形轮廓。挑廊承托着一池静水，点缀几块山石，创造出一种静谧深沉的氛围。两个"马蹄"在视觉中交错，有一种"步移景框异"的空间感受。并且以"双马蹄"形为母题，在各个展厅的门上做了内凹的门把手，以期在细节上呼应建筑整体。

"藏"起来的空间——特殊的室内布局

建筑内还有几条规整的附属空间，将设备机房、卫生间等集中"藏"了起来，形成了从内到外（庭院→回廊→服务带→展厅）层层套叠的布局，使观展流线、后勤服务流线、管网布线等都更为便捷合理。一层回廊是玻璃顶，再用木纹金属格栅进行吊顶，经过格栅的细密过滤，天光也柔和了起来。

扶梯偏置于展厅北侧的实墙之后，也是"藏"起来的，避免破坏博物馆宁静雅致的气氛。建筑内的另外三部通往屋顶和地下的直梯也是用"藏"的理念，避开对中心庭院的干扰。这些垂直交通最终形成两个主要的观展方向：向内、向下参观特定的展品，向上、向外欣赏生动的世界文化遗产——这一条件为这个项目带来了最大的独特之处。

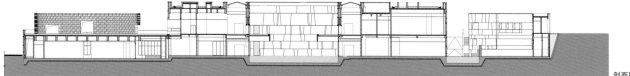

剖面图

就地取材——历史的传承

避暑山庄虽为皇家宫苑，但其营造宗旨却是"宁拙舍巧"，建筑风格不同于紫禁城，少有反复雕琢的痕迹。我们也希望在博物馆中沿袭这种恢宏大气的神韵。

当地文物保护规划要求，新建筑色彩以灰色系为主，这与我们对建筑的低调定位不谋而合。本着一贯坚持的"就地取材"的原则，团队调研了承德当地的各种砖石材料后，最终确定了色质与古建筑相近、耐久性好且量大经济的"承德绿"（也称"燕山绿"）石材作为建筑外沿材料。

不同于常规的干挂或贴面做法，将石材切割成595mm × 95mm × 115mm的条状，在外墙体保温层的外侧，按照古代大青砖的形式进行拉筋砌筑。既呼应古建筑的肌理，又在石料的尺度上有所突破。同时，结合承托石材的结构体系，用清水混凝土勾勒出间距不等的水平线条，如此一来，层层叠叠的水平线条会放大人们对建筑高度和体量的视觉感受，让原本只有两层的建筑显得似乎有四五层之高，创造了些许"不真实"的效果。

"新"的设计语言——传统的转译

砌筑墙面的水平线条间，嵌入了许多左右倾斜的成品水泥条，打断原本规则平实的砌筑肌理，这些倾斜的线条来源于传统的抽象转译。

清统治者信奉喇嘛教，在避暑山庄外建了许多西藏制式的庙宇，这种大规模的藏式建筑群在藏区外独一无二，可谓是承德古建筑中最特殊的形式，而藏式建筑中最经典的元素是梯形窗。因此这一元素被抽象为"新"的设计语言，除了在所有砌筑墙面上使用了倾斜的清水混凝土线条，还在部分墙上直接运用了梯形的图案。

例如，在西侧沿街高出道路标高的建筑主立面上，用玻璃纤维增强水泥（GRC）装饰板，制成一整面"大梯形套小梯形"的透空花格墙，如古建筑中的窗棂一般将光线引入室内。除了花格自身的趣味性，这种单纯重复的形式也给人带来了另一种极简的艺术感受。这面墙的梯形搭接形式也被作为母题转印在建筑主入口的玻璃门上。此外，梯形元素还被用在圆形广场的景观墙上和一层层水平排列的锈钢板间，不规则穿插的斜向锈钢板，使景观墙呈现出一种特殊的韵律。

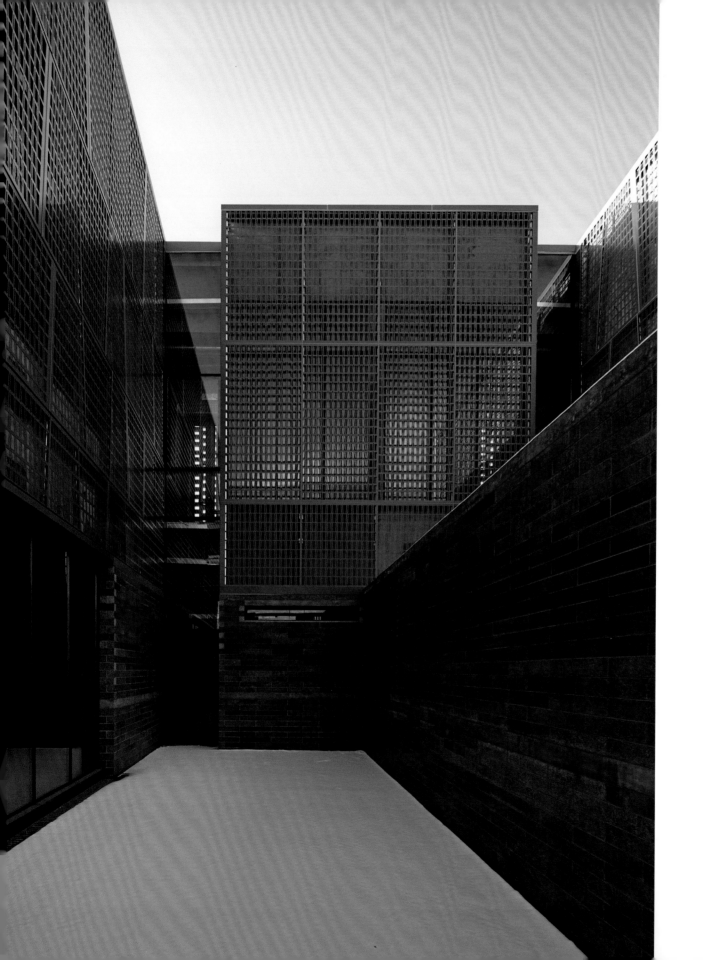

结语

事实上，承德博物馆的设计早在2008年就开始了，至项目建成一共花了十二年的时间，这期间经历了增减设计内容、政府叫停、更换基地等种种状况，前后共呈现了十二版方案。

在最后一版设计中也曾出现一个小插曲，甲方一度非常希望在建筑上扣一个民族形式的"大屋顶"，以与古建筑相似的形态来代表对历史的传承。建筑师对此坚决反对，理由有两点。一是"藏"：在世界文化遗产包围的场地盖房子，希望以最谦逊的态度去表达对历史的尊重，所以通过下挖创造了新的空间，将建筑"藏"在

环境中，再把屋顶转变为城市的观景平台，让建筑在融入环境的同时，又能够反过来表现环境（这也与建筑师一直以来坚持的建筑与场所相融的设计理念相吻合）。二是"新"：希望将历史与传统元素抽象转化为"新"的建筑语言，以平屋面结合玻璃顶的方式适度表达新的风格，创造当代建筑艺术的韵味，与传统形成一种精神上的对话。正所谓"与自然融合，于历史重生"。

根据原载于《建筑学报》（2020.3+4）的《与自然融合，于历史重生——承德民族团结清文化展览馆暨承德市博物馆设计》（周恺，吕俊杰）一文改写

国家文物局水下文化遗产保护中心北海基地

UNDERWATER CULTURAL HERITAGE PROTECTION CENTER OF THE STATE ADMINISTRATION OF
CULTURAL HERITAGE, NORTH SEA BASE PROJECT, QINGDAO

2014- 青岛

青岛水下遗产保护中心北海基地项目一期主要是科研教学、训练和办公，二期是整个项目的核心——中国海洋考古博物馆，拟将"丹东一号"沉船作为主要展示对象。

在设计中，我们将一期办公与训练部分设置在北侧，采用L形方正的建筑体量，更好地适用功能。二期作为主体建筑，设置在基地南侧，主展厅（丹东一号展示）可面向大海展开，入口前（南侧）和西侧设置以水面为主的海洋主题广场。

"丹东一号"是甲午海战中北洋水师的一艘沉船，尺寸巨大，整个建筑以此主展厅作为首要的造型元素。考虑到建筑建成时间早于沉船的打捞时间，为了满足建筑建成后沉船进入展厅的要求，我们提出了船坞的概念，巨型钢筋混凝土门架形成类似于船坞的空间形象，将沉船纳入其中，历经沧桑的古船回到了原点。在建设时，可以先将展厅的其他几个面盖好，正立面不封起来，等沉船捞上来之后，通过水道将船引进去，最后再封住立面的玻璃幕墙。在造型上，我们从船体、风帆、桅杆等与海洋和考古相关的意向中汲取灵感，采用直纹曲面体现建筑的灵动感和艺术感，呼应了海洋考古和沉船的主题。直纹曲面由直线构成，在保证结构简单合理，施工经济可行的同时，提升建筑的艺术表现力。

除了沉船展厅的造型，我们还对博物馆的进入方式和流线进行了重点设计。主入口位于建筑东南角，由门厅进入后，穿过条幽暗的海底隧道般的拱形展示空间，进入巨大的沉船展厅，给人一种豁然开朗的感觉。沉船厅设有二层夹层，可以从半高的视角观赏古船，同时与二层的若干辅助性小展厅连接，整个展线主次分明，空间尺度、光线明暗富有变化。

石家庄美术馆
SHIJIAZHUANG ART GALLERY, SHIJIAZHUANG

2011（方案） 石家庄

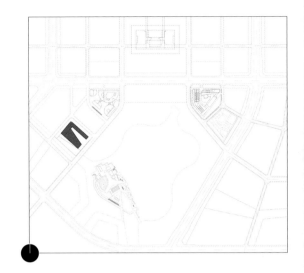

石家庄美术馆选址位于正定新区起步区中心公园核心区，该区域也是城市规划设计中绝佳的公共空间。项目用地约3.5公顷，位于中心公园核心区西南侧，东南面紧邻核心区主要城市干道市府西路，正对中心湖，与湖心的城市规划展览馆隔湖相望，西南面邻接1公顷绿地，东北面紧邻大剧院。根据场地的特点出发，设计主要有以下的考虑：

1.项目定位

在对新美术馆的定位上，我们从城市的角度出发来确定美术馆对城市的意义，一方面美术馆的落成不仅要满足自身的功能需求，更应该加强并突显现有的景观环境资源，为城市提供一个引人注目而又适宜停留的都市场所空间。从城市的角度而言，新建筑的目的在于提供

一个开放、平等的公共空间，将自身纳入到整个城市公共空间结构体系之中。

2.场地关系

在形体处理上，设计者强调将建筑形态对场地景观视线的影响减小到最少。沿主要景观面方向，首先迎湖退让出一定的空间作为美术馆的主要入口广场，保证景观资源利用的最大化。而对于场地西侧方向的人流，利用形体在空中搭接形成的底层架空空间，不仅将基地西侧入口空间与中心广场贯穿为一个整体，也为人们进入场地提供了独特而印象深刻的空间体验。

3.功能形态

在形体上依据功能分为三大体块，三个体块以不同的倾斜角度首尾相接，在不同角度为参观者提供了不同

的视觉效果和空间体验。另外，设计者运用现代新材料与新技术，在结构上挑战箱体大跨度的支撑体系，用以塑造建筑的体积感与雕塑感。设计师意在强调美术馆在展示艺术作品的同时，其本身也犹如放置在公园中的雕塑，其现代感与艺术性的造型给人们带来了全新的视觉体验和空间感受。

然而，由于用地更换等原因，这个方案未能实现。2017年，石家庄美术馆重新选址后，我们重新做了方案并参与了投标，获得了第一名，目前项目正在筹备中。

根据《当代建筑师系列·周恺》
（中国建筑工业出版社，2013.1）中的文章改写

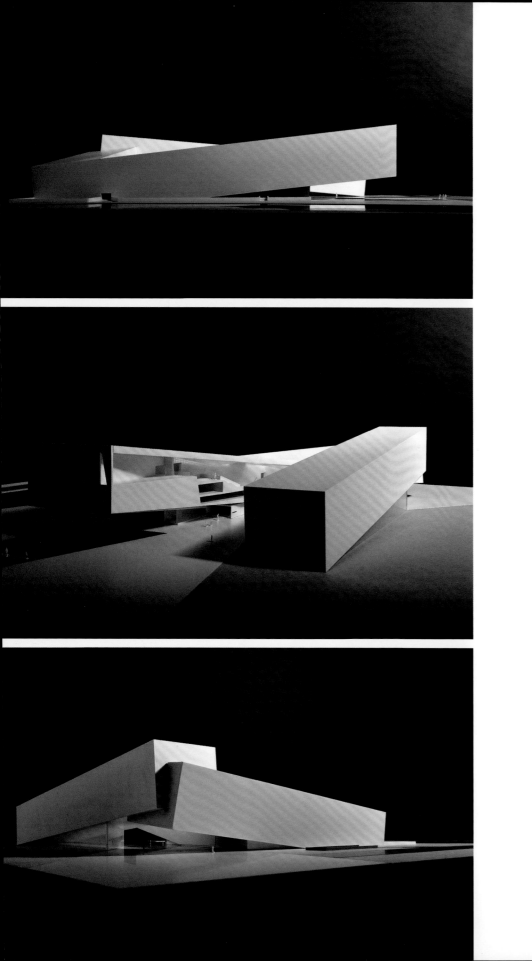

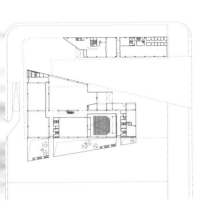

首层平面图

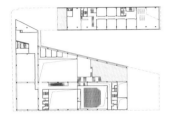

二层平面图

三层平面图

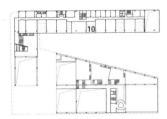

四层平面图

五层平面图

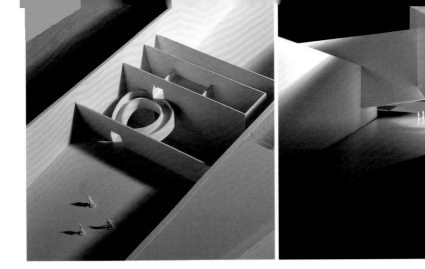

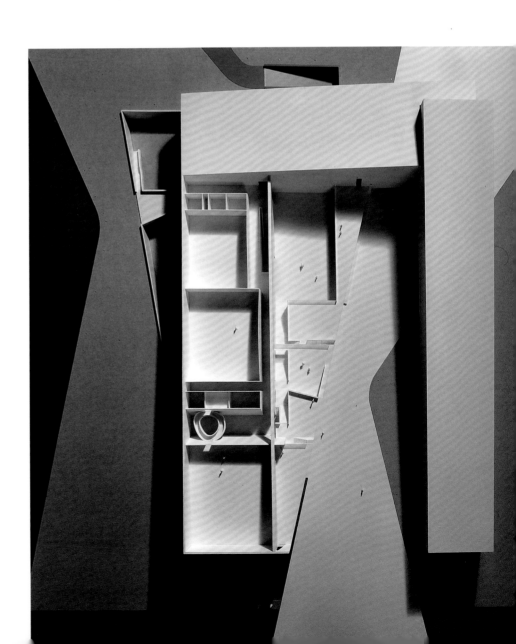

石家庄城市馆

SHIJIAZHUANG URBAN EXHIBITION HALL,
SHIJIAZHUANG

2015-2020 石家庄

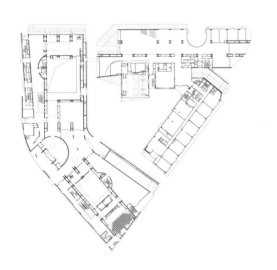

一层平面图

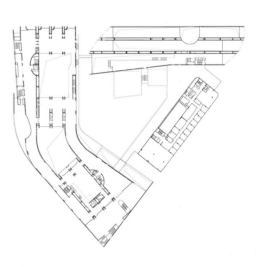

二层平面图

三层平面图

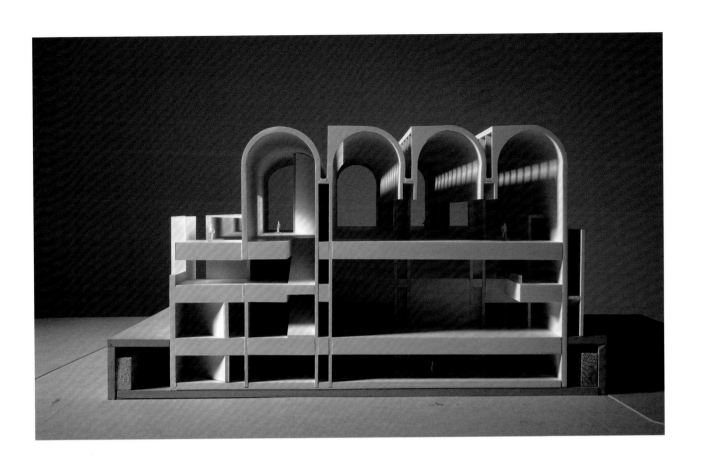

石家庄城市馆位于石家庄正定新区起步区内，北靠隆兴大道，西临新城中央公园，与北侧政务服务中心及西侧新图书馆遥相呼应，与政务中心、新图书馆、新档案馆等建筑共同构成新区中央建筑组团。

建筑设计理念来源于代表石家庄城市发展与集体记忆的工业厂房。建筑借鉴老厂房的空间形态，将相似的纵向空间单元并列，一排排采光天窗形成韵律，使建筑充满了工业建筑独特的魅力与韵味；另一方面，建筑也提取了代表石家庄历史与城市风貌的拱元素并加以运用，从而形成了石家庄城市馆独特的建筑形象，成为正定新区最具代表性的公共建筑之一。

石家庄城市馆总面积45 000m²，其中地上30 000m²，地下15 000m²。地上建筑共分为三部分，分别为城市规划展览馆、公共展馆与会议中心、后勤办公楼。其中城市规划展览馆、公共展馆与会议中心是城市馆最主要的组成部分，两部分展馆分别由若干纵向延伸的拱形空间并列而成，创造出独特的建筑形象与展览空间。

石家庄城市馆内部采用大面积清水混凝土材料，与室内拱形空间相得益彰，从而形成特别的室内空间氛围。建筑外部铺设钛锌板金属幕墙。新型材料的运用使建筑充满现代气息与工业感，彰显了石家庄作为现代化工业城市的特征。

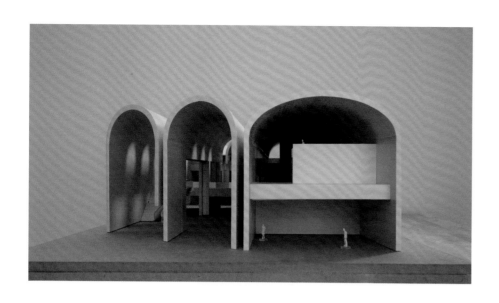

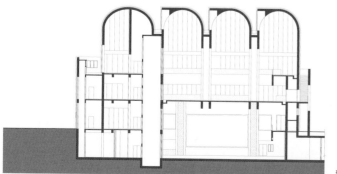

剖面图

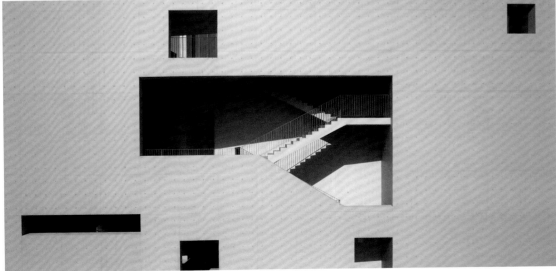

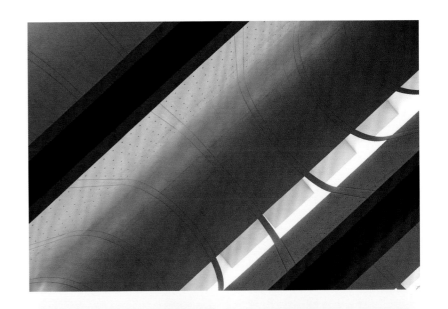

石家庄图书馆
SHIJIAZHUANG MUNICIPAL LIBRARY, SHIJIAZHUANG

2015-2020 石家庄

首层平面图

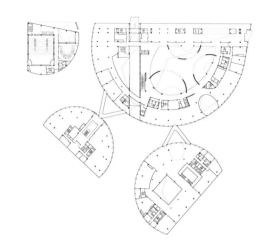

二层平面图

石家庄图书馆位于石家庄市东北部正定新区，隆兴路以南，大临济街以西，东北方向为政务服务中心，东南方向为中心公园，景观优势明显。与石家庄城市馆、政务中心、档案馆等建筑共同构成新区中央建筑组团。

图书馆建筑面积为40 000m²，建筑高度24m，地上4层，地下1层。建筑由四个半圆形的体量组成，包含文化商业、市民阅览大厅、开架阅览室、电子阅览室、儿童阅览室、密集书库、办公区、会议区等功能模块。

设计主要从以下几个方面考虑：

1.文化传承。抽取赵州桥的弧形拱作为传统文化符号，在建筑的平面、立面和内部空间中进行多维度、多尺度的抽象再现，丰富空间形态，创造亲民感受，再现整体记忆，传承历史文化。

2.藏阅一体。新时代环境下的图书馆更注重阅览的高效便捷，除重要文献和古籍外，纸质资料藏阅一体化，内部阅览空间对外开放。

3.功能复合。互联网时代下的图书馆除借阅、藏书等基本功能外，还应具有多种复合功能，因此引入书店、艺术品展示、零售、培训、演艺、体验等空间，提供多种生活场景。

4.开放设计。图书馆首层作为开放空间设置多种业态，沿街立面以通透的玻璃为主，将内部空间以城市橱窗的概念展示出来，吸引市民来此并使其方便进入，避免形成传统图书馆封闭的空间和外部形象。

5.城市客厅。图书馆分为四个主要体量，体量之间挤出街道般的室外空间，节点设置绿化和小型公园，创造多种图书、文化为主题的生活场景，既提升图书馆建筑的利用率，也为市民提供一个如城市客厅般的公共开放空间。

作为新城重要的文化建筑之一，图书馆在提升新城整体文化形象的同时，以典雅现代的建筑形象、开放亲民的空间氛围、舒适高效的阅读感受、惠民便捷的复合功能，成为市民最重要的文化交流休闲场所。

剖面图

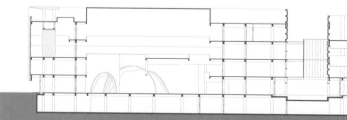

厦门住宅集团总部办公楼
XIAMEN RESIDENTIAL GROUP HEADQUARTERS, XIAMEN

2016- 厦门

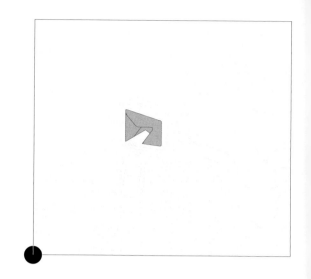

厦门住宅集团总部办公楼项目位于厦门湖里区，东侧面向湖里公园。这是一个限制非常多的设计。首先，项目用地为不规则的四边形，四角均不是直角，且四角高程有较大差别。大体呈现出西侧低，东侧高的地形特点。在建筑限高40米的条件下，用地极为紧张。其次，项目位于老城区，西侧住宅和南侧小学距用地很近，在日照条件上对建筑形体又造成了极大限制。再次，建筑功能上，需要解决总部和三个分公司的办公、会议、项目展示、餐厅、健身等多种功能，还需要在很拥挤的用地条件下解决大量的停车问题。

在重重限制之下，我们首先根据建筑退线和日照条件得到了建筑可利用的最大体量，即仅仅位于地块北侧和东侧的建筑可以做足40米的高度。在此基础上，对高层部分的建筑形体做适当的艺术化处理：将北侧和东侧的建筑体量外围轮廓贴合建筑控制线，为了丰富立面与空间效果，在东侧面向湖里公园的角度设置了一个贯通3～7层的三维曲面的异形洞口；而南侧和西侧偏内向的部分则处理成一条曲线，既满足日照条件，也保证了尽可能大的标准层面积，又增加了建筑的特色和艺术性。

整个建筑形体平面也做圆角处理，形成圆润的建筑体量，在拥挤的城市里更好地尊重了周边现有的建筑。

西南侧建筑因为日照要求只能做到4层高度，我们设置了食堂等公共空间，同时也作为场地的主要人行出入口，设置了高低错落的内院和屋顶平台，是建筑的主要户外活动和景观空间。而高层部分对向湖里公园的洞口，也可以使内院在景观上与公园呼应，让建筑西南侧平台和内院更加积极，同时还可以借助穿过洞口的风调节微环境。

在材料方面，建筑北侧和东侧外围立面采用简约的玻璃幕墙，纯粹的立面形式更好地突出了优美的建筑形体，西侧和南侧采用清水混凝土挂板结合一定的墙面绿化，更好地呼应平台和内院的景观。

首层平面图

二层平面图

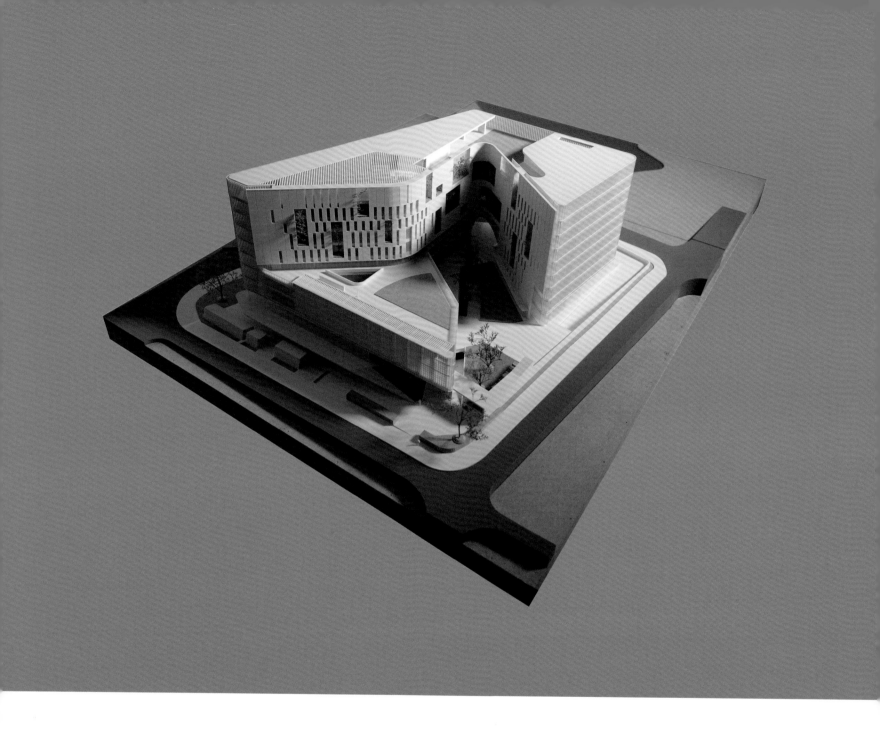

雄安市民服务中心规划及
规划展示中心、政务服务中心、会议培训中心

THE MASTER PLAN OF XIONGAN CIVIC SERVICE CENTRE AND
DESIGNS FOR PLANNING EXHIBITION CENTER, GOVERNMENT SERVICE CENTER AND
CONFERENCE TRAINING CENTER, XIONGAN

2017-2018 雄安

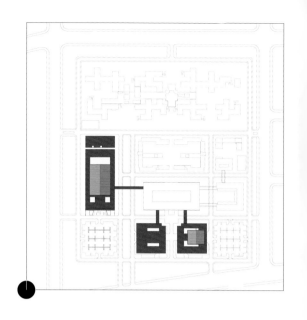

设计团队

2017年中，中国建筑学会受雄安新区管委会的委托，组成了由崔愷、孟建民、庄惟敏三位院士和我们共同组成的联合设计团队，由宋春华（住房和城乡建设部原副部长、中国建筑学会原理事长）、修龙理事长以工作营的方式开展多次对规划设计方案的讨论和研究，并组织召开由张锦秋院士、马国馨院士、王建国院士、黄星元大师等担任评委的中期评审会，确定以周恺及所在天津华汇工程建筑设计有限公司团队方案为主进行深化。

方案深化调整过程中充分吸收了其他三个团队的优点，同时为配合项目推进形成了以天津华汇工程建筑设计有限公司为设计总牵头单位，由中国建筑设计研究院、深圳市建筑设计研究总院、清华大学建筑设计研究院为相应组团单体建筑及装修设计单位，并整合绿色建筑、智能化、综合管廊等相关领域顶级团队为专项分包的大设计团队，多线程、全方位、立体化推进设计工作。

具体分工：

崔愷院士及所在的中国建筑设计研究院负责入驻企业临时办公的单体建筑设计工作；

孟建民院士及所在的深圳市建筑设计研究院负责党工委管委会办公、雄安集团办公的单体建筑设计工作；

庄惟敏院士及所在的清华大学建筑设计研究院负责周转用房、生活服务的单体建筑设计工作；

我们天津华汇工程建筑设计有限公司则负责项目总体规划以及规划展示中心、政务服务中心、会议培训中心的单体建筑设计工作。

总体规划

项目基地位于荣乌高速容城出口向东约2.5km处，拟规划于容东安置片区的西南角，形状为南北向略长的矩形，现状东、北、西三侧皆为农田，南侧与荣乌高速之间仅隔一条稍有弯斜的奥维东路。

有了三个设计原则的指导，从总体规划到单体设计的手法逐级贯彻，一气呵成。规划总体采用组团式布局，南侧作适当退让，避开不规则地形的同时为奥维东路今后拓宽留出适当余地。对外职能相对较多的政务服务中心和会议培训中心布置在最南侧，向北依次布置雄安党工委管委会办公与雄安集团办公组团，周转用房与生活服务组团，入驻企业临时办公组团布置在基地最北侧，兼顾将来向北拓展的可能性。规划展示中心与东半部建筑组团隔景观轴而置，位于基地西侧，紧邻西侧规划绿色廊道。基地东南角和西南角各预留一块用地，先期作为地面停车场使用。东侧三个建筑组团用地基本控制在100m左右进深，整组建筑高度原则上不超过15m，主要道路断面的设计和开敞空间的预留也十分注意"紧凑性"和"尺度感"。

建筑方案

政务服务中心和会议培训中心是园区南侧主入口形象区域的一组形象对称的建筑，呈对称布置。周恺将二者使用空间类型进行归类和简化，形成构成和建造逻辑清晰的体系。两栋建筑皆为两层周圈布局模式，将一般使用空间（政务服务中心的附属办公空间与会议培训中心的中小型会议室等）布置在四周，而将需要高空间和较大面积的特殊使用空间（政务服务公共大厅以及千人报告厅）放在中央，二者之间灵活布置内庭院，增强自然通风及采光的同时提升建筑内空间品质。

规划展示中心位于基地的最西侧。通过与使用方的沟通我们了解到，不同于其他城市规划展览馆，本中心展示内容的不固定性、可变性、临时性相对突出。为此周恺提出了"展示容器"的概念，将小型展示空间和附属服务空间围绕周边布置，中心预留出一个45m宽、63m长、总面积将近3 000m²、净高达到11m的无柱开敞空间，以类会展的方式最大化地满足将来各种类型展示的可能性。（作为先期开幕的新区规划成果展，就在其中布置了一个总面积达700m²的L形全景LED屏，目前已正式对外开放）。中心最北侧还设置了三个不同大小并达到影视放映级别的展示厅，配合不同活动使用。

政务服务中心、会议培训中心和规划展览中心在快

速建造的要求下，采用了装配式钢结构体系，工厂预制生产，现场组装，装配程度高，以保证建筑在短时间高质量完成。

建筑立面力求简洁朴素，避免纯装饰性语言。大面积采用预制压型铝合金板，规划展示中心更是直接将主体结构构件作为外立面形象元素，进行一体式设计。同时处理好檐口、窗口、消防救援窗、外照明灯具等处的节点细节。

内装修设计风格同样延续外立面的特征，提倡最大

限度减少现场湿作业，提高装配率，同时考虑后期调整弹性。除极少数有水房间用瓷砖外，地面大面积采用PVC块材；房间以及与外走廊之间采用装配式隔墙；墙面采用环保乳胶漆；部分有声学要求的房间采用新型材料吸声微孔岩；除个别房间外采用全开放式吊顶。

同时政务服务中心还被选取作为整个市民服务中心的"被动式房屋"示范建筑。华汇设计团队在中华人民共和国住房和城乡建设部科技与产业化发展中心相关专家的共同指导和技术支持下，采用低能耗建筑做

法，设置高隔热、高隔声、密封性强的建筑外墙，充分利用可再生能源，并尽可能克服高装配率与低能耗之间的天然矛盾性。采用传热系数为1.0的被动式门窗，外墙保温岩棉为200mm厚；墙体采用LC板，有效提高蓄热保温能力，整体设计使得政务服务中心的热回收率高达75%。

根据原载于《建筑学报》（2018.8）的《雄安市民服务中心总体规划以及规划展示中心、政务服务中心、会议培训中心设计》（张一、闫晓萌）改写

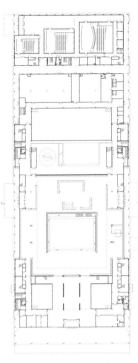

首层平面图

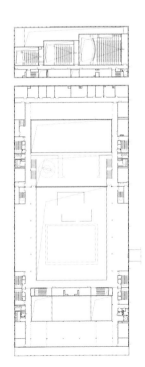

二层平面图

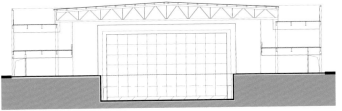

剖面图

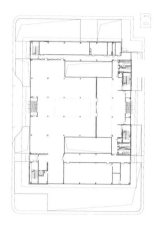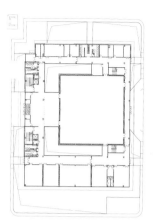

首层平面图

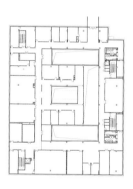

二层平面图

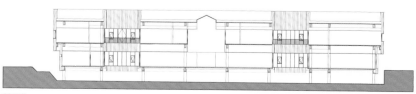

剖面图

中国驻阿联酋使馆

CHINESE EMBASSY IN THE UNITED ARAB EMIRATES,
THE UNITED ARAB EMIRATES

2017- 阿联酋

中国驻阿联酋使馆馆舍新建工程位于阿联酋首都阿布扎比，基地周边存在着诸多不利因素和安全隐患，安全防卫成为本方案重点考虑的内容。本方案四面筑以坚实的钢筋混凝土围墙，建筑主体的东、南、西三个立面，采用了大面积实墙，隔离了周围的噪声干扰。主立面除入口大门外设置了防撞墙，保证了使馆的安全。阿布扎比气候炎热，日照强烈，夏季最高气温可达50℃，做好遮阳防晒才能保证室内外空间的舒适度。本方案采用遮阳板全覆盖的顶棚，避免了相邻使馆居高临下的可视干扰，从而兼顾了安全防卫和遮阳的需求。遮阳板之间留有空隙，有利于通风降温。以上措施回应了该场地最为关键的安防与环境问题。

建筑体量水平展开，完整统一，极具力量感，体现出大国驻外机构应有的姿态，同时以一种含蓄的方式体现中国的建筑元素。中国古建筑的屋顶是其最具特色的部分。我们从中国传统建筑屋顶上抽取覆盖、起翘、檐口等特色，进行抽象提取，融入设计方案之中。以遮阳设施全覆盖的屋顶、入口外檐的阶梯形收分和北立面流畅的弧线处理予以回应和观照，体现出中而新的时代特色。

建筑空间组合采用了外实内虚的构成手法。外实以应对安防、气候、噪声等不利因素。室内则结合院落式布局，利用建筑体块之间的空间，营造出尺度宜人的庭院，将中国传统园林的元素提取并嵌入其中，在遮阳顶盖的遮蔽下，为使馆工作人员提供了宜人的户外环境，同时也成为外宾了解中国传统文化的窗口。外实内虚的空间效果也体现了中华民族内敛谦虚的传统精神。

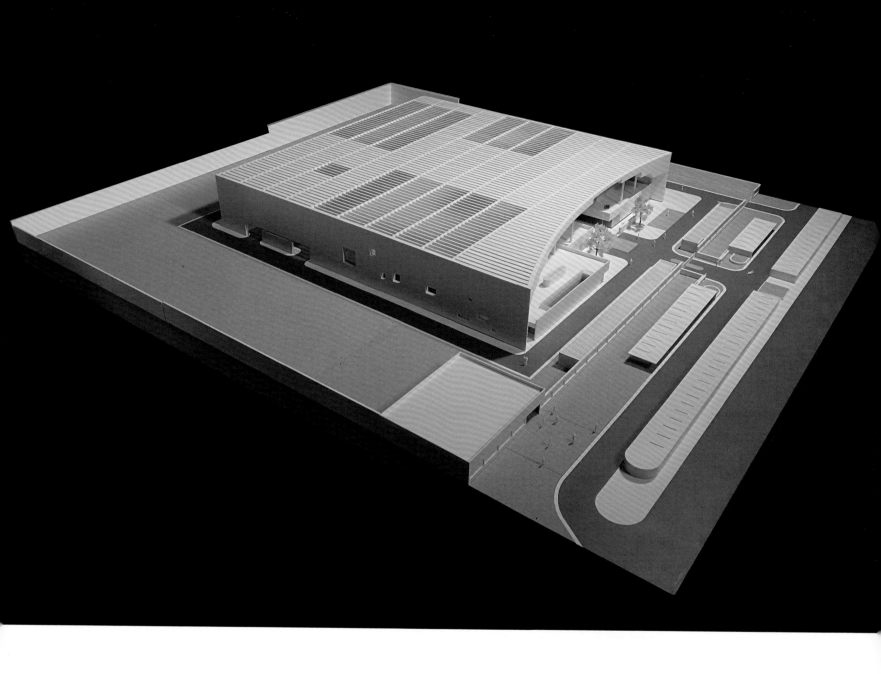

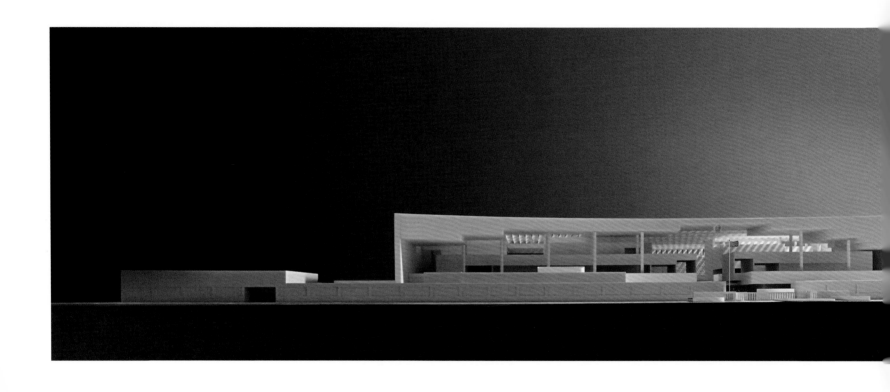

高铁京唐线宝坻南站
SOUTH BAODI RAILWAY STATION, JINGTANG LINE, TIANJIN

2018- 天津

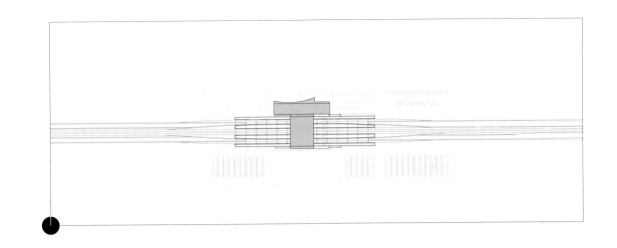

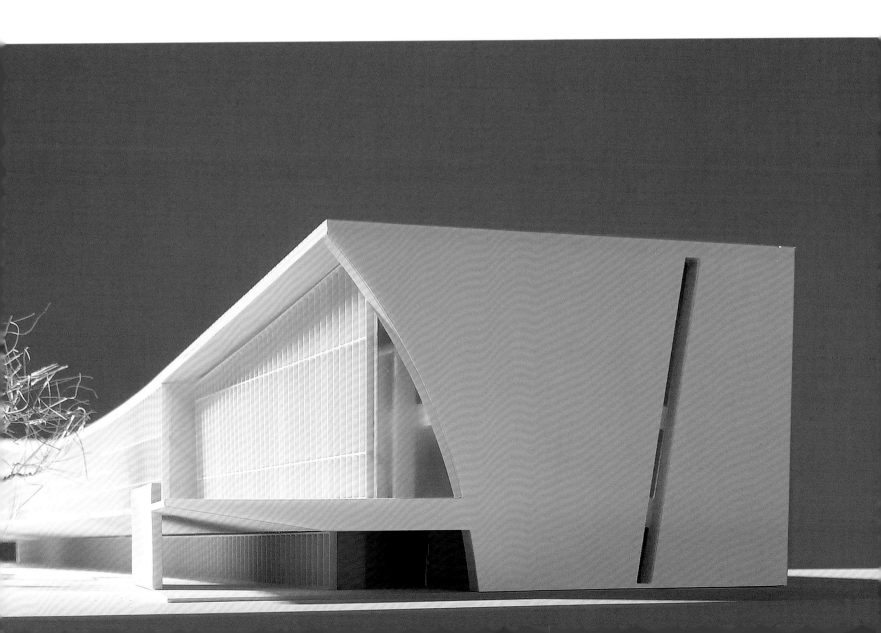

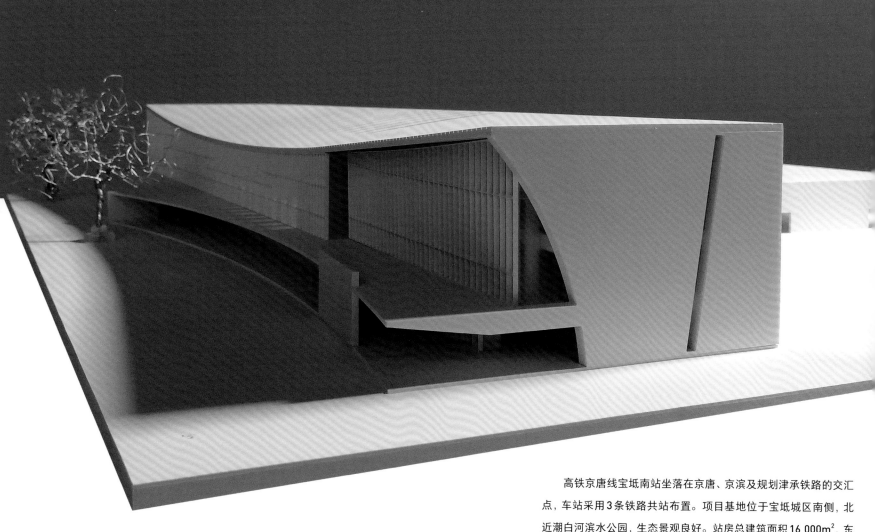

高铁京唐线宝坻南站坐落在京唐、京滨及规划津承铁路的交汇点，车站采用3条铁路共站布置。项目基地位于宝坻城区南侧，北近潮白河滨水公园，生态景观良好。站房总建筑面积16 000m²，东西长180m，南北进深40m，高23m。

宝坻历史源远流长，高铁站作为文脉的载体，设计中采纳传统建筑屋顶"起翘"的形式，取"屋檐上翘，若飞举之势"之寓意，再加以变化，屋脊为直，屋檐为曲，一直一曲，生趣灵动，第五立面的桁架以优雅而不是力量感的姿态呈现在城市中。建筑整体形态简洁优雅，也象征着宝坻在发展建设中高昂的气势。

平面布局中，进站时经由主入口安检后到达进站大厅，其与候车大厅直接相连，便于乘客排队检票进站；同时，在进站大厅二楼设置商业休闲区。而出站方式简明便捷，通过出站通道直接进入出站大厅，即可进入站前广场。同时，南侧预留进出站空间，换乘方式也更加简洁高效，且特地加设适宜人体尺度的雨篷，造型上呼应建筑的曲线元素。

建筑立面以清水混凝土和玻璃幕墙为主要材料，延续简洁优雅的风格。室内则以木色曲面天花呼应传统建筑风格，屋面的天窗营造了明亮舒适的环境。作为核心区的城市客厅，宝坻南站以优雅的姿态为城市的飞跃发展注入新的活力。

一层平面图

北京化工大学校史馆、大学生活动中心

HISTORY MUSEUM AND STUDENT ACTIVITY CENTER ON THE NEW CAMPUS OF BEIJING UNIVERSITY OF CHEMICAL TECHNOLOGY, BEIJING

2016- 北京

总述

北京化工大学昌平新校区校史馆与大学生活动中心位于校园内中心景观区，处在十分特殊且重要的位置。不同于传统的校园建筑，校史馆与大学生活动中心运用更加自由与柔性的建筑语言，使之与校园中的周边建筑既具有关联性，又体现出其独特的灵动性，形成了呼应与互补之势。

建筑面向山景、湖景打开，以更加开放的姿态、独特的个性呈现在校园中，更成为承载学生展开多样活动的活力场所。

校史馆

校史馆总用地面积17 853m²，总建筑面积5 428m²，地上两层，地下一层，由档案库区、校史展览区、博物馆区以及校友会办公区四部分组成。设计基于新校区的规划特色和校园文脉，以简洁、流畅的曲线勾勒轮廓；利用场地两侧现有的高差，部分空间沉入半地下，以平和的姿态与周边景观环境和谐相处，既成为校园中的焦点建筑，又营造出丰富性与趣味性的室内空间。在材料的表现上，外檐钛锌板与清水混凝土的搭配则突显出校史馆自身的现代感和历史感。

大学生活动中心

大学生活动中心总用地面积13 863m²，建筑限高18m，总建筑面积15 000m²，地上三层，地下一层。建筑形体流畅而有机，立面采用轻盈的金属表皮，突出大学生活动中心活泼、开放的性格。现代的美学设计手法与新材料的运用表达出化工大学的校园文化。项目旨在营造充满活力的大学生活动场所，将中心湖区景观引入建筑内部，同时结合清水混凝土材料，创造出多变而动感的公共空间，带来丰富而精彩的空间体验，为学生活动提供了多样化的空间。

校史馆
HISTORY MUSEUM

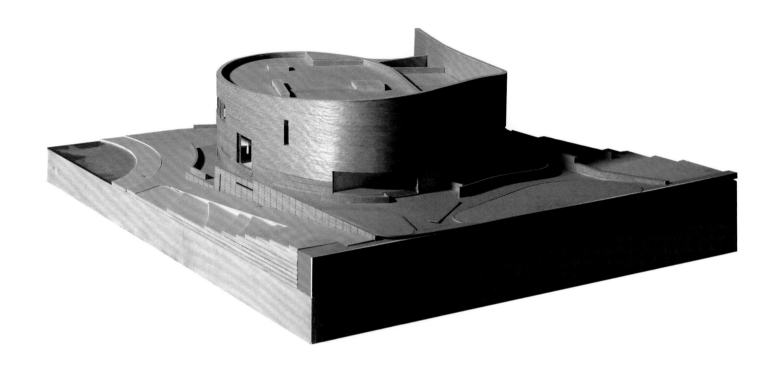

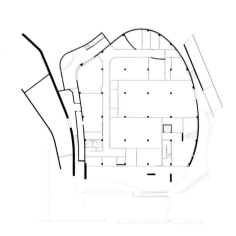

首层平面图

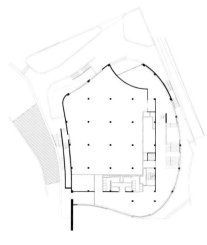

二层平面图

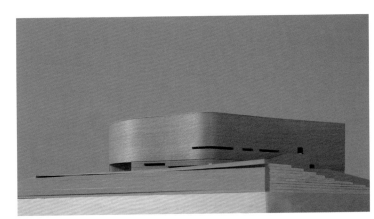

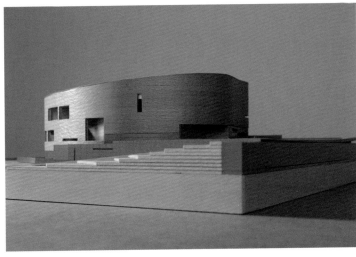

大学生活动中心
STUDENT ACTIVITY CENTER

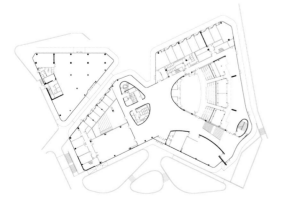

首层平面图

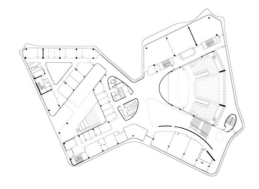

二层平面图

中国人民大学通州新校区教学组团

**TEACHING GROUP OF TONGZHOU NEW CAMPUS OF
RENMIN UNIVERSITY OF CHINA, BEIJING**

2018- 北京

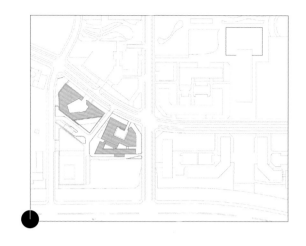

中国人民大学社会与人口学院楼（西区学部楼一期），以及中国人民大学法学院、国际关系学院、马克思学院（西区学部楼二期），位于中国人民大学通州新校区西入口南侧，东北紧邻校园主干道，与新闻学院组团隔路相望。两栋建筑均为典型的学部楼建筑。两栋建筑的用地都不规则，虽然增加了一些设计上的难度，但也提供了让建筑更加灵动的机会。从总体空间布局上，两栋建筑是两座相邻的合院——均采用周圈围合式的布局，在"开放街区校园中"围合出静谧的庭院，成为"真正有院子的学院建筑"，通过院落氛围的营造，打造富有独特的人文气息的空间场所。为呼应校园总体导则中"人大红"的主色，我们采用了红砖为主的设计语言，配以宽窄不一的混凝土分隔带，同时具备构造作用和立面效果。两栋楼整体设计语言一脉相承，共同形成了校区西入口处的一段弧形街道界面。

社会与人口学院楼被南侧用地界线切成不规则的形状，在景观设计范围内，我们在南侧补出一个三角形的庭院，依附于本建筑，但为周边几座建筑所共享。建筑内部主庭院结合不规则的用地，形成更加灵活的院落

空间。在不同方向层层退落的露台和屋顶花园，丰富了室外活动空间，形成一座立体式的花园。建筑首层设置门厅、学院办公、报告厅等公共空间，并通过围绕着庭院的走道连通，面向庭院的通透的大玻璃窗，营造包容共享的学院氛围。教学与教师办公空间设置在建筑的东西两侧，可由不同的门厅进入，并在内部具有便捷的联系。

西区学部楼二期的挑战在于，其内部需要安排三个学院——法学院、国际关系学院、马克思主义学院，我们希望它们都有各自的形象，具有可识别性。为此，我们在场地中心，围合了一个方形的庭院，三个学院围绕庭院布置，各自占据一个方位。法学院在中，国际关系学院、马克思主义学院分列东、西两侧。这样，建立了以广场为中心的十字形轴线，奠定了端庄、大气的学院氛围，而三个学院面向庭院，形成了各自的门面，其重要性被着重强调出来。

除了外部形象，每个学院都有各自的门厅空间，门厅面向院子，自然光线充足、空间丰富，可以作为学院自己的展览空间，而且有独立的楼梯可以上到学院二

层。从门厅可以进入各个院系的行政办公室，以及院长接待室。为此，我们在相邻门厅之间，设置了小的室内庭院，既形成了一定的分割，又保证了学院之间的连通性。两个建筑都综合了教学、办公、科研的功能，我们采取了功能分立的策略。

除学院外，教师办公室占据了相当一部分面积，为每个老师提供一个小的放松空间，我们将这些小空间设置在相对独立的体量里。这样做有几方面好处。一方面，小办公室与学院对应的结构体系、层高都是不同的，采用竖向分割功能的方式，建筑结构与功能更加匹配，不仅节约材料与空间，还能节约能源；另一方面，教师办公区面向南，争取了更好的采光。另外，对于西区学部楼二期来说，大量的小办公室可以被集中管理，不同学院之间可以调剂，使用更加灵活。

在场地北侧、面向学校的位置，设置了开放性最高的公共教室，学生和老师可以更方便地到达、使用。教室也有独立的门厅，并且在三层和地下层相互连通。教室部分的建筑体量在北侧形成开口，定义了建筑及其内部庭院的主入口。

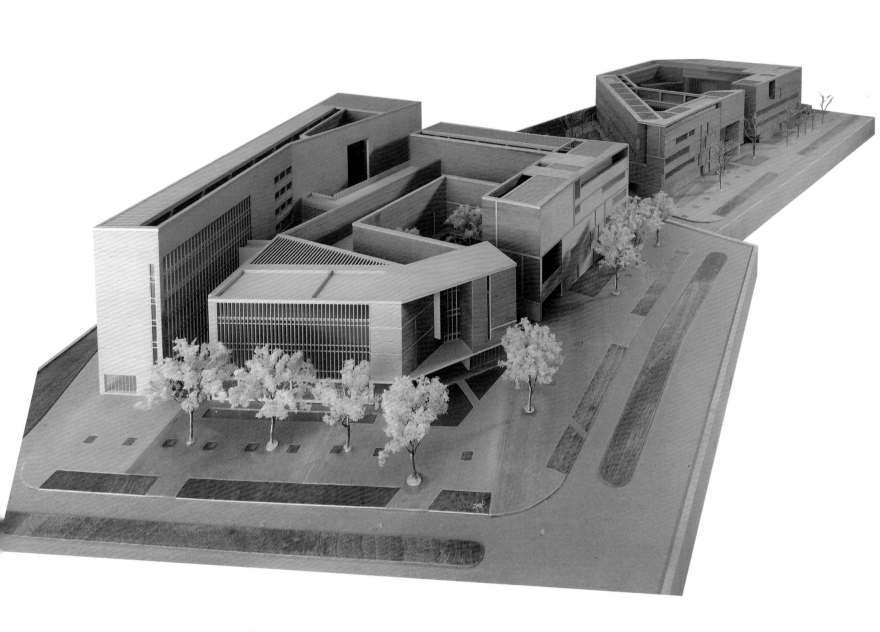

中国人民大学社会与人口学院

SOCIAL AND DEMOGRAPHIC COLLEGE OF RENMIN UNIVERSITY OF CHINA

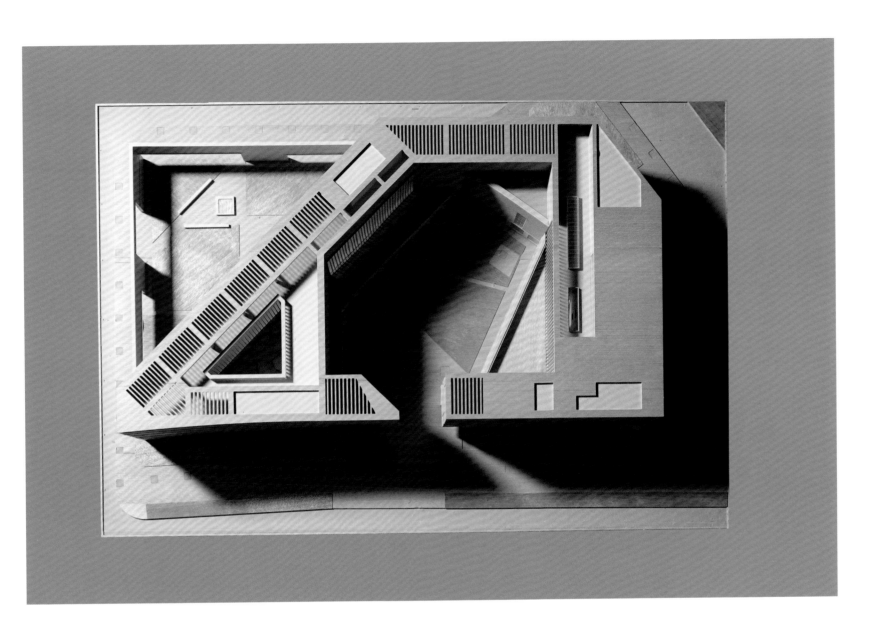

首层平面图

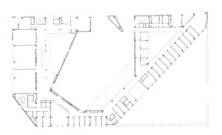

二层平面图

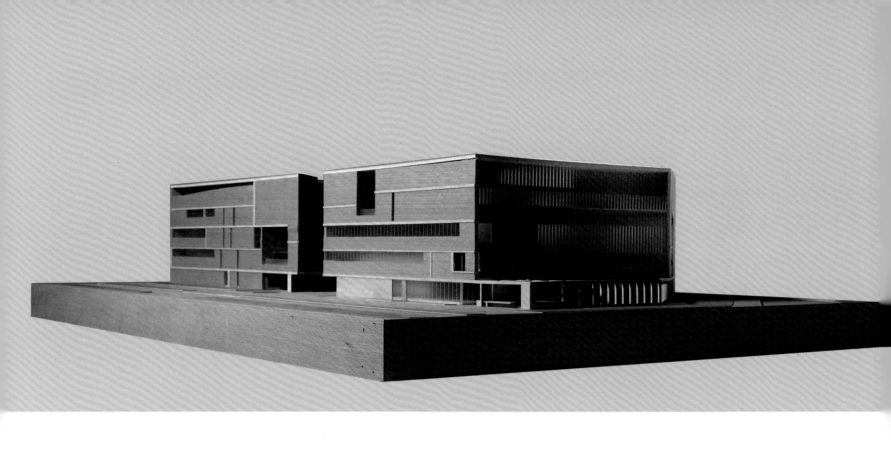

中国人民大学法学院、马克思主义学院、国际关系学院

LAW SCHOOL, MARXISM COLLEGE, INTERNATIONAL RELATIONS SCHOOL
OF RENMIN UNIVERSITY OF CHINA

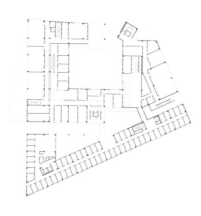

首层平面图   二层平面图

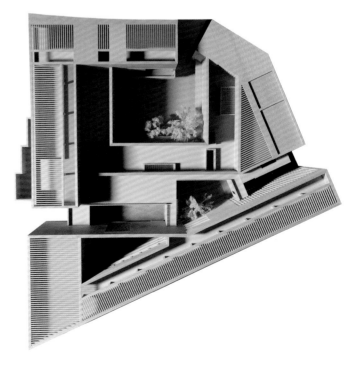

天津大学福州国际校区—新加坡国立大学组团教学实验楼
TEACHING AND EXPERIMENTAL BUILDING ON FUZHOU CAMPUS OF TIANJIN UNIVERSITY-NATIONAL UNIVERSITY OF SINGAPORE, FUZHOU

2019-　福州

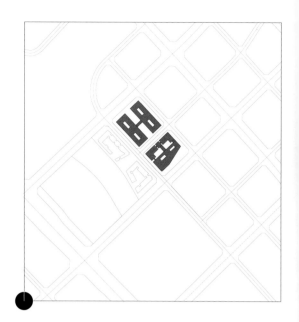

天津大学福州国际校区，源起于天津大学希望与各方名校在榕共建的愿望，陆续引进境外优质高等教育资源，设立若干中外合作办学学院，其中新加坡国立大学组团是首批启动工程，教学楼实验楼项目位于校区中心。

设计之初校方即提出希望能依据当地环境条件进行设计，与福州本地的人文以及气候性格相符，以期能够提供富有文化特色同时节约能耗的教学实验空间。因而如何应用当代的建筑语言营造与传统人文环境相吻合的建筑场所成为设计的焦点所在。

凝聚人文气息的院落空间：建筑尝试营造有品质的合院，既是与外部环境的过渡，也是营造自身静谧氛围的空间，从中国古代的书院到世界高等学府，都以合院作为塑造环境、思考交流的场所。合院与各向的架空空间相通，成为一个有限定感同时易于抵达的场所。

遮阳的挑檐柱廊：建筑的主立面上设计了具备功能性的大出挑屋檐及柱廊，屋檐遮阳挡雨，与福州的气候相呼应，希望能给学生们营造一个舒适的交通空间和休息空间，同时也是感知自然的空间。

富有性格的出挑平台：在建筑保证体积感的同时，也希望它能有一些趣味的雕塑感，而主视角错位的出挑平台恰恰能很好地突出独特的建筑语言。

置身自然的垂直绿化：不同于北方自然环境对植物的限定，福州的植被丰富，雨水充足，这样富足的植被条件使得景观设计本身不仅仅致力于在地面层展现其特点。出挑的平台，预留的格栅，都给日后植物爬满建筑预留了条件。希望这些植被本身随着时光的推移能赋予建筑不一样的感受。

走廊的内与外：在走廊的空间属性界定为内部还是外部的权衡中，使用方给予了最终的决策权。他们希望完美的建筑体现在各个层次上，尤其是对日常使用能耗的考量。最终的建筑形式也体现了这一决策，更多的走廊开放起来，与外界空气连通，便于通风及节能。

质朴的立面语言：建筑的立面采用了简洁的仿混凝土涂料处理，希望以一种朴素的颜色和材料体现建筑的自然质朴的性格，如同被深厚文化底蕴滋养浸润。

基于以上的设计原则，建筑还在空间布局中尽可能保留更多的弹性，为学校从大班教学向小班教学过渡提供更多的可能性。随着学生的使用，建筑也将呈现出不一样的活力。

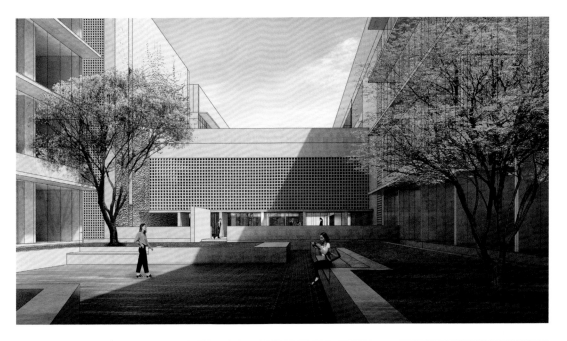

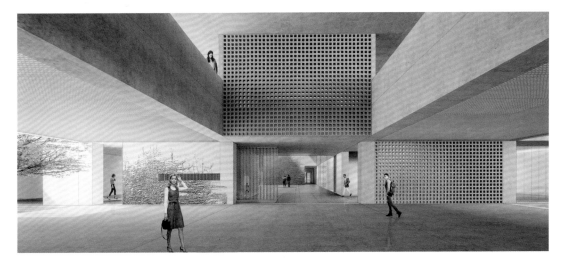

景德镇陶溪川艺术学院
JINGDEZHEN TAOXICHUAN ART COLLEGE, JINGDEZHEN

2019- 景德镇

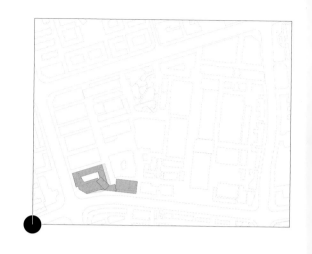

2019年,在江西景德镇开展了以"近现代陶瓷工业遗产综合保护开发续建"为题的集群设计。我们与崔愷院士、张杰大师、大卫·奇普菲尔德、董功、青山周平等建筑师均受邀参与设计。我们的设计内容是包含艺术公寓、展览展示、创作工坊、配套商业等功能的建筑组团"陶溪川艺术学院"。

项目基地坐落于景德镇老城区中部原陶机厂地块内,紧邻陶溪川文创街区一期,场地位于西南端边界,与城市道路紧邻。原厂区保留有大量的单多层厂房等工业遗迹,区内植被被保存较好。艺术学院将服务于在陶溪川创作、研学的艺术家和艺术学生们,并提供交流、创作、生活的空间场所。

要做一个怎样的艺术学院,这是我们最开始关注的问题。

砖砌的房子、大跨连续结构、瓦屋面坡顶、参天大树都构成了来到陶溪川的最初印象。项目材料的选择上,也努力追求一种朴拙感,选用了红砖、混凝土、瓦片、钢板的材料组合。

建筑中设置了一系列天井、骑楼、檐廊、庭院等可以避雨、通风的半室外空间,来应对景德镇夏季炎热多雨的气候。半室外公共空间也可容纳展览、表演、聚会等活动。

身处老城区闹市,紧邻道路,酒店公寓没有沿用常规酒店落地大窗的立面做法,而是取了厂房大跨结构牛腿的形式意象,结合花砖墙体围合的方式,营造静谧内向的居室环境,传达大隐于市的空间氛围。厂房结构形式的立面外化,也暗合原陶机厂的环境印记;而砖的砌筑给建筑外立面带来的细腻变化,砖块本身的质感与灵活多变的砌筑方式,也为我们创造出丰富变化的建筑肌理与空间体验。

西侧建筑作为艺术家和艺术学生的公寓空间,建筑高度控制与沿街保留厂房协调。东侧大师公寓则是通过逐层的退级和大面坡顶,衔接和过渡其与周边建筑的体量关系。

建筑东北侧主楼梯从园区道路开始向上爬升,连接二、三、四层户外平台,平台又成为一个个被架起的广场,为游人提供多个眺望未来中心广场的场地高点,平台再通过各层走廊扩展到其他公共活动区域。外部穿越的公共流线,与学院内的居住流线在互不干扰的同时,也串联起艺术学院里最具特色的艺术展示和活动交流的场所。

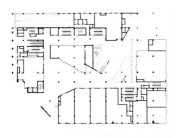

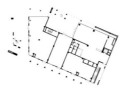

首层平面图

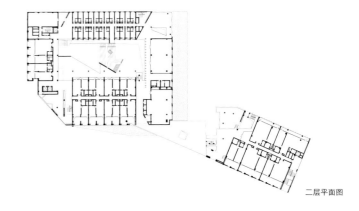

二层平面图

水西工作室

SHUIXI STUDIO, TIANJIN

2015 天津

水西工作室是我们自己的工作室，位于天津市南开区，南面是南翠屏公园，东边是水上公园，并紧邻水上公园西路，施工期间我们每次去工地，大家都会习惯地说"去水西"，慢慢这个说法就变成名字被确立了下来。

天窗与光线的设计

设计之初最先想到的就是光，我们在"水西"设置了十六道大小不一、或长或方的天窗。

打开棕黑色锈钢板材质的大门，正对着一条略窄的通道，一片长长的斜墙把人们的视线向右引导，深色的橱柜、水泥自流平的地面加重了这一空间的低矮和纵深感。然而一旦迈进建筑，人们会不自觉地被左侧明亮的空间吸引，原来在中厅顶部成对角线的两个角点有两片天窗，将光线引入并照亮整个中厅，与入口处的幽暗形成强烈对比，形成一条由光引导的路线。

由于窗扇面积比较大，中厅的大多数地方都能在一天中被照到，尤其当照在模型上时，连模型也变得生动了起来。

建筑二层南侧办公区的西端有一道与房间等宽且贴山墙的条状天窗，光影打在白色拉毛的墙面上，如同日晷般提示着时间的变化。北侧办公区顶部是两扇矩形但互为扭转的天窗，试图营造一种接近自然的感受。

两部主要楼梯的上空，也分别布置了天窗。被两片白色实墙夹在中间的混凝土楼梯相对隐蔽，它的上空是一道通长的天窗，将狭长的空间照亮；临空的锈钢板楼梯相对开放，服务于大多数人，但其本身的材质颜色较深，故在其尽端布置点状天窗，洒下的束状光线可以强化路线的明确性。

在一层的过道、二层的小工作室、卫生间等处，也分别布置了天窗，有了这些天窗，白天基本不用开灯就能满足常用空间的亮度需求，在一定程度上节约了能源。

依据路径的流线设计

建筑兼具休息与休闲两种不同属性，分别位于上下两层；同时，这两个分区又都包含相对私密的私人办公空间和团队共同使用的公共办公空间，分布于中厅的南北两侧。

经过两部交叉布置的楼梯，分别到达二层的两个办公空间，它们透过中厅互为对望，而且看似无法彼此到达。但实际上，在二层东侧存在一条通道，联系着两个空间，它藏在一片仅开了一条比人视点低约30cm的窗洞的墙面后，将两部楼梯引导的相反路径连成了一条通路。

建筑中还存在第三部楼梯。它位于建筑的东南角，连通一层的休息室、二层的个人办公区，以及夹层的一个小休息室。

借由不同楼梯创造出来的三条路径，既可以将工作状态和放松状态、公共区域和私密区域区分开来，又不排斥不同空间和功能之间的互动，使得空间体验丰富了许多，内部活动也更加有趣。

内敛与开放的空间设计

建筑所在场地的周边多是居住区，可观赏的景色不多，且天窗的设置已经满足了自然采光，于是我们希望建筑更为"内向"，弱化外部形式的表现，强调内部空间的表达。

建筑外皮形式简洁，底层贴深灰色的青砖，上部喷涂石子砂浆，为减少由胀缩产生的裂缝，喷涂部分还专门通过实验得出了最大分缝距离。

建筑南侧结合平面布局形成一个矩形庭院，青砖漫地，种了竹子、海棠和柿子树，四季变化的自然触手可及。为了使建筑自身简洁统一，小院的东南两侧院墙上部均用竹格栅围起，与建筑主体等高，有一种完型、补齐的效果。建筑东侧贴外墙密植整排竹子，更增添了一种内敛、安静的氛围。

建筑内部则强调空间之间的对话、互动和关联。建筑中心是一个两层通高的厅，平时用来展示项目模型，偶尔也会举办规模不大的会议或者聚会。将两侧房间则以完全开敞的关系通过中厅互相对望，且6m左右的间距足够使一般性的声音干扰降低甚至消失，不同的洞口高度也提示了两侧属性的差异。

关乎尺度的细节设计

建筑师给自己做房子最随心所欲，也最小心翼翼。随心所欲的是设计有最大化的实现自由，小心翼翼的是要把一切都处理得合情合理、坚固耐用。事实上，在这栋建筑中有许多在尺度上"超越"规范的地方，但是这些看似"不合理"的细节，恰恰是最合理的设计。

比如楼梯，22级的踏步却没有设置休息平台；楼梯扶手和二层临空处的护栏也没有顾忌规范中对栏杆竖向间距的要求，临空护栏的竖向最大间距为2m，楼梯扶手护栏最大间距近6m，远远超出常用的尺度。但是对于相对私人的建筑来说，这种"不合理"无可厚非，反而表现出极强的艺术感。

以往的行业规范和设计经验告诉我们，2.2m的空间高度会令人感到压抑。然而在一层的咖啡厅，净高仅有2.19m，这个刻意压低的空间令人惬意放松，营造出良好的交流氛围。

建筑中的门、窗尺寸也不太常规。最大单扇开启的门有1.35m宽，3.15m高。外墙上的窗户，最大的单片玻璃固定窗扇为2m×2m，最大的可开启窗扇为1.8m×1.5m，最小的开启扇宽度仅有0.3m，这些设计细节既增添了空间趣味，也为未来设计的可能性提供了技术参考值。

在这个建筑中，我们希望，用最简单的材质、最智慧的策略、最经济的方式，打造一栋简洁沉静的建筑；用内向的环境、围合的形体、开敞的空间，创造一方自在的小天地；素净的白墙、灵动的光、有趣的路径，为工作与交流的环境营造出惬意浪漫的氛围。

根据原载于《建筑学报》（2018.11）的《自在的一方天地——水西工作室设计解读》（吕俊杰）一文改写

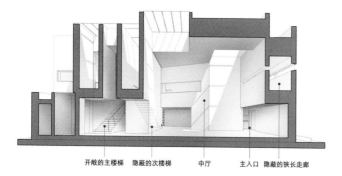

开敞的主楼梯　隐蔽的次楼梯　中厅　　主入口　隐蔽的狭长走廊

ANNEX

附 录

主要作品信息
MAIN WORK INFORMATION

01 中国人民大学法学院、马克思主义
学院、国际关系学院
2020-　北京市通州副中心　30 540m²

02 北京市城市规划设计研究院
业务综合楼
2020-　北京市通州副中心　61 000m²

03 国家博物馆深圳分馆
2020-　广东省深圳市　120 000m²

04 中国电子科技南湖研究院
2020-　浙江省嘉兴市　94 000m²

05 嘉兴南湖书院发布厅
2020-　浙江省嘉兴市　9 000m²

06 龙泉文化会客厅—鸥鹭忘机酒店
2020-　浙江省龙泉市　34 300m²

07 北京化工大学新校区文科楼
2019-　北京市昌平区　20 286m²

08 景德镇陶溪川艺术学院
2019-　江西省景德镇市　42 000m²

09 中共海口市委党校新校区
2019-　海南省海口市　89 000m²

10 天津大学福州国际校区
—新加坡国立大学组团教学实验楼
2019-　福建省福州市　83 000m²

11 天津大学福州国际校区
—新加坡国立大学组团宿舍楼
2019-　福建省福州市　51 000m²

12 海口江东新区金融中心
2019-　海南省海口市　80 000m²

13 宝马中国总部产业园
2019-　北京市朝阳区　103 000m²

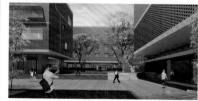

14 天津宝坻侨未来展示中心

　　2019- 天津市宝坻区 3 000m²

15 高铁京唐线宝坻南站

　　2018- 天津市宝坻区 16 000m²

16 高铁京唐线唐山机场站

　　2018 河北省唐山市 6 000m²

17 天津大学冯骥才学院博物馆

　　2018- 天津市南开区 11 000m²

18 中国人民大学社会与人口学院

　　2018- 北京市通州副中心 30 855m²

19 重庆涪陵三馆一中心

　　2018- 重庆市涪陵区 76 700m²

20 重庆涪陵两江商务中心

　　2018- 重庆市涪陵区 120 000m²

21 曲阳旅游发展大会主会场

　　2018- 河北省曲阳县 38 641m²

22 天津滨海新区中心商务区
　　于家堡控股大厦

　　2018- 天津滨海新区 83 400m²

23 通州副中心行政办公二期
　　城市设计及单体

　　2018- 北京市通州副中心 415 500m²

24 济南新旧动能转换先行区城市展厅

　　2018- 山东省济南市 81 100m²

25 雄安市民服务中心总体规划

　　2017 河北省雄安新区 24.24hm²

26 雄安市民服务中心规划展示中心、
　　政务服务中心、会议培训中心

　　2017-2018 河北省雄安新区 28 185m²

27 中国驻阿联酋使馆

　　2017- 阿联酋阿布扎比 24 000m²

28 深圳市宝安文化中心

　　2017- 广东省深圳市 55 000m²

29 厦门南普陀寺改扩建

　　2017- 福建省厦门市 35 000m²

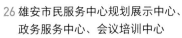

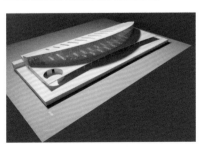

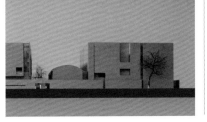

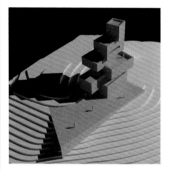

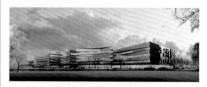

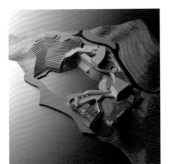

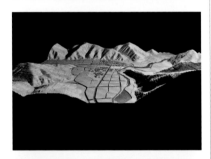

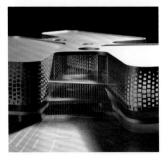

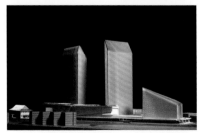

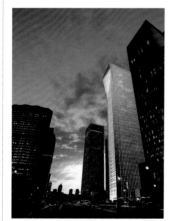

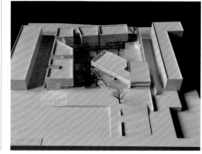

91 青岛香港中路城市综合体

2005-2014　山东省青岛市　400 000m²

92 中国银行天津分行

2005-2011　天津市和平区　60 000m²

93 华东师范大学闵行校区

2005-2010　上海市闵行区　46 290m²

94 东莞莞城区青少年宫

2005-2010　广东省东莞市　22 000m²

95 天津音乐学院综合楼

2005-2009　天津市河东区　17 500m²

96 天津财经大学图书馆组团

2005-2008　天津市河西区　65 000m²

97 天津鼓楼商业街区

2005-2007　天津市南开区　7 800m²

98 东莞莞城莲园会馆聚落

2005-2006　广东省东莞市　16 500m²

99 唐山青少年宫

2005-2006　河北省唐山市　30 000m²

100 天津富力津门湖社区中心

2005-2006　天津市西青区　1 875m²

101 东莞松山湖软件园

2005-2005　广东省东莞市　80 000m²

102 深圳大梅沙万科中心

2005　广东省深圳市　23 000m²

103 深圳建筑与海（悬崖）

2005　广东省深圳市　795m²

104 南京建筑实践展 01 号住宅

2004-2011　江苏省南京市　601m²

105 青岛软件产业基地

2004-2010　山东省青岛市　125 200m²

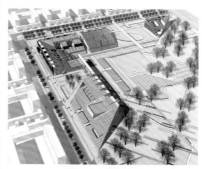

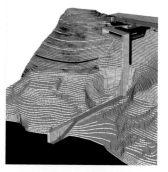
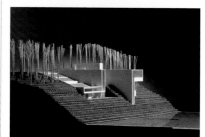

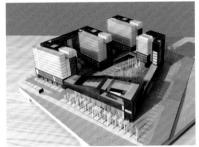

主要获奖信息
MAIN AWARD INFORMATION

亚洲建筑协会

2014 天津大学冯骥才文学艺术研究院 社会组织类金奖

2014 东莞万科塘厦双城水岸住宅区 集合住宅类金奖

2014 南京佛手湖一号地 单独住宅类提名奖

1949−2009 建国六十周年
中国建筑学会建筑创作大奖

天津财经学院 A、B、C、D、E 区

天津大学冯骥才文学艺术研究院

天津市耀华中学改扩建工程

东莞松山湖科技园区图书馆

东莞松山湖酒店

1949−2019 建国七十周年
中国建筑学会建筑创作大奖

东莞万科塘厦双城水岸住宅区

东莞万科塘厦双城水岸商业中心建筑工程

北川羌族自治县新县城城抗震纪念园

玉树州格萨尔广场

武清文化中心

天津大学新校区图书馆

中国人民解放军总医院（北京 301 医院）门急诊综合楼一期工程

雄安市民服务中心规划及单体：雄安市民服务区展示中心、
    政务服务中心、会议培训中心

全国优秀工程勘察设计奖

2006 天津市耀华中学改扩建工程 银奖

2008 东莞松山湖科技园区图书馆 银奖

2000 工商银行天津分行（天津金融科技教育中心） 铜奖

2008 天津"五一阳光南里·皓日园"居住小区 铜奖

2008 天津市第三十一中学及中营模范小学 铜奖

全国优秀工程勘察设计行业奖

2005 天津市耀华中学改扩建工程 一等奖

2008 东莞松山湖科技园区图书馆 建筑工程公建一等奖

2011 天津音乐学院综合教学楼 一等奖

2013 天津罗兰商务中心 1 号楼（中国银行）建筑工程公建
    一等奖

2015 玉树州格萨尔广场 建筑工程公建一等奖

2017 武清文化中心 一等奖

2017 天津大学新校区图书馆 一等奖

2019 天津生态城南片区 7# 地块中学项目 建筑工程公建
    一等奖

2019 雄安市民服务中心规划及单体：雄安市民服务区
    展示中心、政务服务中心、会议培训中心
    （优秀建筑工程）一等奖

2003 天津纺织工学院（现天津工业大学）教学主楼
    二等奖

2005 天津财经学院 A、B、C、D、E 区 二等奖

2008 广州万科蓝山住宅小区 二等奖

2008 天津"五一阳光南里·皓日园"居住小区 二等奖

2008 天津市第三十一中学及中营模范小学 二等奖

2008 第六田园居住小区 二等奖

2008 天津空港加工区金融中心 二等奖

2013 东莞松山湖酒店 建筑工程公建二等奖

2009 华明示范小城镇建设项目 二等奖

2013 天津工业大学图书馆 二等奖

2017 天津大学新校区第一教学楼 建筑工程公建二等奖

2017 天津海河教育园区（北洋园）一期综合配套工程
    建筑工程公建二等奖

2017 东北大学浑南校区文科 1 楼 建筑工程公建二等奖

2017 中国人民解放军总医院（北京 301 医院）
    门急诊综合楼一期工程 工程公建二等奖

2009 天津"五一阳光南里·尊园" 住宅类三等奖

2009 空港物流加工区投资服务中心 建筑工程公建三等奖

2015 天津帝旺凯悦酒店 建筑工程公建三等奖

2015 天津工业大学新校区二期教学楼 建筑工程公建
    三等奖

2015 东莞莞城工业研发中心 建筑工程公建三等奖

2017 天津市科技之家建设工程 建筑工程公建三等奖

2019 天津海河教育园区（北洋园）一期综合配套工程公共
    图书馆 建筑工程公建三等奖

2019 泰安道五号院 建筑工程公建三等奖

中国建筑学会建筑创作奖

2014 天津大学冯骥才文学艺术研究院 公共建筑类金奖

2014 东莞万科塘厦双城水岸住宅区 居住建筑类金奖

2014 北川羌族自治县新县城抗震纪念园 居住景观设计类
金奖

2018 天津大学新校区图书馆 建筑创作（公共建筑类）
金奖

2014 东莞万科塘厦双城水岸商业中心建筑工程 银奖

2018 天津大学新校区第一教学楼 建筑创作（公共建筑）
银奖

2018 中国人民解放军总医院（北京 301 医院）门急诊
综合楼一期工程 建筑创作（公共建筑）银奖

2015 天津大学冯骥才文学艺术研究院
（建筑创作）设计奖

2015 东莞万科塘厦双城水岸住宅区 （建筑创作）设计奖

2015 北川羌族自治县新县城抗震纪念园 （建筑创作）
设计奖

2018 中国人民解放军总医院（北京 301 医院）
门急诊综合楼一期工程 室内设计专业二等奖

2018 中国人民解放军总医院（北京 301 医院）
门急诊综合楼一期工程 电气设计专业二等奖

2018 天津大学新校区图书馆 室内设计专业二等奖

2018 东北大学浑南校区文科 1 楼 建筑创作（公共建筑）
优秀奖

建设部部级城乡建设优秀勘察设计奖

2000 天津师范大学艺术体育楼工程 二等奖

2000 工商银行天津分行（天津金融科技教育中心）
二等奖

2001 森淼公寓 二等奖

2001 天津医科大学综合教学楼工程 二等奖

2003 天津轻工业学院（天津科技大学）教学主楼 二等奖

2000 天津轻工业学院图书馆工程 三等奖

2000 天津理工学院教学实验楼工程 三等奖

2005 天津一中示范高级中学校 三等奖

2005 江胜金色家园 三等奖

WA 中国建筑奖

2002 天津财经大学逸夫图书馆 佳作奖

2006 天津大学冯骥才文学艺术研究院 佳作奖

中国土木工程詹天佑奖

2006 广州万科蓝山住宅小区 大奖

2007 天津"五一阳光南里·皓日园"居住小区 第七届大奖

2007 第六田园居住小区 大奖

2009 华明示范小城镇建设项目 优秀住宅小区金奖

2010 华明示范小城镇建设项目 第九届中国土木工程
詹天佑奖

2014 天津文化中心 第十二届大奖

国家工程建设质量奖

2003 天津轻工业学院（天津科技大学）教学主楼 银奖

全国绿色建筑创新奖

2015 天津大学新校区第一教学楼 三等奖

百年建筑优秀作品奖大奖

2006 广州万科蓝山住宅小区

2006 天津市耀华中学改扩建工程

天津市 " 海河杯 " 优秀勘察设计

2009 华明示范小城镇建设项目 住宅与住宅小区特等奖

2013 北川羌族自治县新县城抗震纪念园 特别奖

2000 天津师范大学艺术体育楼工程 一等奖

2005 天津大学冯骥才文学艺术研究院 一等奖

2005 广州万科蓝山住宅小区 住宅与住宅小区一等奖

2006 天津市第三十一中学及中营模范小学 建筑工程公建
     一等奖

2008 天津空港加工区金融中心 建筑工程公建一等奖

2008 东莞松山湖科技园区图书馆 建筑工程公建一等奖

2009 东莞松山湖酒店 建筑工程公建一等奖

2009 空港物流加工区投资服务中心 建筑工程公建一等奖

2009 天津"五一阳光南里·尊园" 住宅与住宅小区一等奖

2010 东莞万科塘厦双城水岸住宅区 住宅与住宅小区
     一等奖

2010 东莞万科塘厦双城水岸商业中心建筑工程
     建筑工程公建一等奖

2011 天津音乐学院综合教学楼 建筑工程公建一等奖

2012 天津罗兰商务中心 1 号楼（中国银行）
     建筑工程公建一等奖

2012 天津工业大学图书馆 建筑工程公建一等奖

2014 天津帝旺凯悦酒店 建筑工程公建一等奖

2014 天津工业大学新校区二期教学楼
     建筑工程公建一等奖

2015 东莞莞城工业研发中心 建筑工程公建一等奖

2015 玉树州格萨尔广场 建筑工程公建一等奖

2016 天津大学新校区第一教学楼 建筑工程公建一等奖

2016 天津市科技之家建设工程 建筑工程公建一等奖

2016 天津海河教育园区（北洋园）一期综合配套工程
     建筑工程公建一等奖

2016 武清文化中心 建筑工程公建一等奖

2016 天津大学新校区图书馆 建筑工程公建一等奖

2017 天津大学新校区图书馆 室内装饰一等奖

2017 东北大学浑南校区文科 1 楼 建筑工程公建一等奖

2017 中国人民解放军总医院（北京 301 医院）
     门急诊综合楼一期工程 建筑工程公建一等奖

2018 天津海河教育园区（北洋园）一期综合配套工程
     公共图书馆 建筑工程公建一等奖

2018 天津生态城南片区 7 号地块中学项目
     建筑工程公建一等奖

2018 天津生态城南片区 7 号地块中学项目 绿色建筑一等奖

2019 泰安道五号院 建筑工程公建一等奖

2019 雄安市民服务中心规划及单体：雄安市民服务区展示
     中心、政务服务中心、会议培训中心 建筑工程公建
     一等奖

2020 雄安市民服务中心规划及单体：雄安市民服务区展示
     中心、政务服务中心、会议培训中心 绿色建筑设计
     一等奖

2020 雄安市民服务中心规划及单体：雄安市民服务区展示
     中心、政务服务中心、会议培训中心 室内装饰设计
     一等奖

2020 齐文化博物院·齐文化博物馆项目 建筑工程公建
     一等奖

2020 天津于家堡 03-16 地块（宝正大厦）项目
     建筑工程公建一等奖

2000 天津轻工业学院图书馆工程 二等奖

2000 天津理工学院教学实验楼工程 二等奖

2002 天津纺织工学院（现天津工业大学）教学主楼 二等奖

2017 中国人民解放军总医院（北京 301 医院）
     门急诊综合楼一期工程 室内装饰二等奖

2011 第六田园居住小区 住宅与住宅小区三等奖

2019 雄安市民服务中心规划及单体：雄安市民服务区展示
     中心、政务服务中心、会议培训中心 智能化设计三等奖

2019 雄安市民服务中心规划及单体：雄安市民服务区展示
     中心、政务服务中心、会议培训中心 风景园林三等奖

2002 天津纺织工学院（现天津工业大学）教学主楼 优秀奖